這不是超能力但能操控人心的

魔數術學

莊惟棟 著

目錄

Contents

■ 推薦序

解決生活難題的新易經

國立彰化師範大學教育研究所所長／林國楨先生

以漫畫穿梭於數理情境之間，將數學魔術貫穿科普小說之中，此書兼具趣味性與教育性，徹底打破數學是一門艱澀難懂的科目，有如現代版的「新易經」！

魔數世界的魅力

國立台灣師範大學數學系退休教授／洪萬生先生

數學知識的獨特之處，在於它無法描述大自然，但應用時，卻發揮了「不可思議的有效性」（incredible effectiveness）。不過，這種有效性通常不一定會及時出現。因此，數學知識的探索如何讓數學家「無怨無悔，終身以之」，這就恐怕與它對吾人不時地引發「意想不到的」驚奇（wonder）有關吧！

這種「驚奇」經常源自吾人極簡單的推論，卻得到出乎（直覺）意外的結果。事實上，吾人一旦掌握了模式（pattern），通常可以經由簡單的邏輯推論，洞察一般人所難以想像、甚至看不見的數學世界真相。這種推論vs.直覺的對比，的確是數學這門學問所獨有，只是過去的數學家或數學教師或許對於數學的抽象過分「拘謹」，而不太習慣使用「有趣的」進路或手法，來分享世間處處皆驚奇的數學經驗吧！

現在，基於數學普及的深刻關懷，許多數學家及數學教師開始向魔術師取經，學習他們的「魔幻」手法，以「數學魔術」來帶領「真實」但令人驚奇的數學知識活動。這種「雙重驚奇」的疊加或相乘效果（magic + wonder），在在考驗著表演者的數學素養及魔術技巧。在YouTube TED上頗受歡迎的數學家亞瑟·班傑明（Arthur Benjamin），就是一個絕佳典範。國內將「數學魔術」從一種純粹娛樂的表演，提升為一個有意義的數學知

識活動（activity）過程中，本書作者莊惟棟老師是在背後支撐的最重要力量。

惟棟精通魔術，我沒想到他也是數學出身，因此，他自稱魔數師，絕對當之無愧！不過，在這本《魔數術學》中，惟棟還敘說了一個非常動人的愛情故事，令人刮目相看。事實上，這本也可以歸類為數學小說的創作以敘事為緯，以魔術表演及其數學解說為經，後者可以各自獨立，但藉由前者而連貫成為一體。同時，有些魔術或數學也融入或成為故事情節（plot），而成為欣賞這本小說不可缺少的一環。

總之，這是一本相當精彩的數學小說，書中角色各司其職，讓暖男型的主角利用數學魔術來穿針引線，敘說一個數學型的才子佳人故事，讓我們數學人感覺十分窩心。我也相信「數學＋魔術＋暖男」的三合體，一定可以帶給讀者空前驚奇的享受，因此，本書值得我們鄭重推薦！

難以抗拒的數學體驗

國立台灣師範大學數學系教授／郭君逸先生

利用漫畫的形式來呈現數學小說，提升科普數學閱讀樂趣，內容豐富又有魔術，一定能給喜好魔數的你，有另一番的感受；也能給不喜歡數學的你，重新認識它的帥與美！

能夠撫慰人心 讓人快樂就是魔術的價值

UniMath總編輯／陳宏賓先生

記得小時候第一次接觸到魔術，是小學三年級同學帶來的魔術道具，把硬幣放在杯子上面，蓋子蓋起來，再掀開時硬幣就消失了！這個簡單的魔術道具，當時卻令我情緒激動，從此只要有人變魔術，一定上去圍觀，非常好奇背後的祕密究竟是甚麼。

從小到大，看過許許多多的魔術，可我從來沒有想過魔術竟然可以跟數學有關？！零星見過一兩個數學魔術；不過，遇到作者惟棟老師之前，我

這不是超能力
但能操控人心

魔數術學

不相信有人可以一個又一個的把數學式子變成精彩的魔術表演。惟棟老師做到了！

這本書集結了許多數學魔術，外包裝是精美的魔術漫畫，內容物是你未曾留意的數學原理。透過這樣的組合來認識數學，是非常特別的體驗，如果對數學不好的學生施展的話，我相信效果必定相當顯著。

好友惟棟老師本身是數學教育實踐者，我知道他經常錄製數學魔術表演，並且在課堂上表現魔術引起學生的興趣和求知慾望。這本書最吸引我的地方，數學魔術只是其一，令我感動的是用魔術幫助身旁重要的人的故事安排，正如惟棟老師所在的教育現場。

能夠撫慰人心、讓人快樂才是魔術珍貴價值所在。

若你是個沒有體驗過數學樂趣的學生，我推薦這本書！

若你是個經常面對興趣缺缺的學生的數學教育工作者，我推薦這本書！

最後，向所有想要讓身邊的人幸福歡笑的人，推薦這本書！

見證奇蹟時刻

國際魔術大師／劉謙先生

看完這本書，令人覺得數學就是魔法，原來見證數學就是見證奇蹟的時刻。

悠遊魔數的動機鍛造師

國立台灣大學電機系教授／葉丙成先生

在我教書的前十年，我一直認為教書教得好就是講課講得清楚、有趣。我也不斷的往這方向努力。但努力十年後，我發現即使講課講得很清楚、有趣，總還是會有學生無法進入學習狀況。這讓我非常苦惱，為什麼教課教得精彩，還是無法讓學生願意好好學習呢？

經過不斷地反思，我終於體悟。如果學生對課程沒有學習動機，老師的

課講得再清楚再有趣，都是枉然。也因為這樣的體悟，過去八年來，我一直在往這個方向努力。除了在自己的課設計方法幫助學生找到學習動機，也希望能夠幫助更多中小學老師了解幫學生建立學習動機的重要性。

在所有的科目當中，我一直認為最不容易幫孩子找到學習動機的，就是中學數學。其他的科目，或是容易跟真實人物事跡連結，或是可以做實驗觀察現象。但中學數學有許多內容，不是那麼容易在日常生活中找到實際案例連結，建立學習動機。比如配方法、一元二次方程式等，這些都不是那麼容易讓孩子有興趣好好學的數學章節。要能讓中學的孩子對數學有充沛的學習動機，對老師而言，真的是很大的挑戰。

在過去這些年接觸過的數學老師中，無疑地，惟棟是讓我最印象深刻、也最為佩服的。他變得一手好魔術已是很不簡單。但更不簡單的，是他能運用數學的理論，設計出一個個看了讓人瞠目結舌的魔術。不但讓學生為之瘋狂，也因此對魔術背後的數學開始有興趣學習。大家可能以為數學結合魔術沒有很難？我自己大學是念數學系的，因此深知惟棟能把這些對孩子來說相當枯燥的數學理論、找到其中的切入點、轉化成為吸睛的魔術，這是多麼的困難！如果數學沒有深厚功力的人，只會變魔術，也無法開發出這麼精彩的數學魔術。

過去幾年，看到惟棟以魔術來啟發孩子們對數學的學習動機，已讓我驚豔不已。但自從得知他的《這不是超能力但能操控人心的魔數術學》、看到書的內容後，我真的服了他。用魔術啟發孩子學數學固然效果很棒，但這套模式最大的挑戰在於有能力、有心想學變魔術的老師缺乏資源，如果孩子的老師會這一系列的數學魔術，那這孩子就有機會被啟發了。

但是！就是這個但是！我沒想到，惟棟居然會想到用漫畫的方式，把他設計的一系列魔術散佈出去。這本書不但讓老師看了很容易懂，學生看了也是很容易就學會。這真的非常棒。如果一個孩子，可以因為自己看這本漫畫，而對魔術還有後面的數學開始感興趣。這比靠老師自己變魔術吸引學生更可貴。因為這完全是孩子自發性的動機。沒有什麼是比孩子自發性地想學習的動機更可貴的！

以前大學時代，常看「全能住宅改造王」。節目一開始都會介紹該集的建築師，每次都會取一個我覺得實在很中二的外號。印象中很深刻的，有

一個就叫做「光與影的魔術師」。看完惟棟的作品，我絞盡腦汁想了一個外號給他：「悠遊魔數的動機鍛造師」。

創造生活中奇蹟
國立東華大學應用數學系副教授／魏澤人先生

很多大人對數學敬而遠之，多半是因為學生時期的經驗。不曉得數學能做什麼用。實際上，只要用正確的方式認識數學，就能知道數學與真實世界充滿了有趣的連結。

莊老師的專長，就是利用魔術呈現的方式與技巧，突顯出數學神奇的魅力。而這本書除了魔術與數學外，更厲害的是，利用故事結合了日常生活的情境，將魔術與數學融入。同時配合了漫畫與圖解，能讓在多媒體世界成長的小孩感到親切與習慣。只要輕輕鬆鬆的讀完整本書，就能感受到數學與魔術的魅力。

當然，更重要的是，實際練習與表演書中的魔術。在表演與得到掌聲之後，再回頭閱讀其中的數學原理。也許，不久之後，你也能像莊老師一樣成為一個數學魔術發明高手，在日常生活中創造奇蹟。

數學是心甘情願的一種享受
國中數學輔導團召集人暨台南市新興國中校長／蘇恭弘先生

教育現場中不乏有老師努力地以各種方式讓學生喜歡數學，而能將數學與魔術完美結合、發揮到極致，當中的翹處非惟棟老師不作第二人想。

收到惟棟老師請我為新書寫推薦序的任務，雖然心裡惶恐，但自己大膽的答應了，因為閱讀這本不同以往的數學書籍，真是一種享受。

數學＋魔數＋漫畫＋小說＝魔數術學
這是一本非常特別的數學書，我更喜歡稱之為「人生筆記」，因為它

不僅僅述說數學知識，還加上了魔術手法的介紹，更令人驚豔的，作者在書中對於生活態度、家人親情與職場應對……等不同層面，都有深刻的著墨，令人著迷。

全書包含有十八招的手法，男女主角魔數師與數學女孩，加上「加減乘除」等四位人物，以生活情境自然的進入主題，透過常見的手機、旅遊、工作……等媒材，引出各種令人驚奇的「魔數」，並結合漫畫內容的呈現方式，引人入勝使讀者欲罷不能，對於同時喜歡魔術與數學的讀者及各階段數學教師而言，這是本難得的夢幻之書。

圓周率裡520

「如果有5個人想交換禮物，但是又不拿到自己禮物，有幾種可能？」這是高中排列組合單元，在數學上，不對應特定位置的數序問題，稱之為錯排問題。看到這裡，相信很多讀者已經闔上本書，玩手機去了，但是作者巧妙地利用聖誕節交換禮物的情境，介紹了數學魔法，讓讀者在不減興緻下，瞭解了排容原理，這就是這本書獨特之處。更加上作者採用小說情節方式的編排，讓讀者不時被男主角對女主角那一份用心所牽繫，也想一探圓周率中的「我愛你」。

有智慧的人運用行為心理創造雙贏

學校中，學生為分數而努力；職場裡，個個為業績而賣命，是否有一種可以創造雙贏的方式，讓我們的生活過得更好？主角魔數師Steven在「真話」一篇裡，完美地告訴讀者這是可能的，從一開始，他的目標就是免費得到一個土地，如何利用商場上的談判，聲東擊西加上雙贏的策略，免去土地成本開銷，達成最後的目的，也多了一位好友。

閱讀到此篇，打從心裡佩服作者的用心，如果我們在學校的教學或是在家庭的對話裡，多提供一些雙贏的可能，社會的亂象必然得以紓解。

眾裡尋他千百度 驀然回首 那人卻在 燈火闌珊處

主角魔數師Steven帶領讀者進入他的青春年少，對喜歡的數學女孩Sharon那份不輕易透露的情愫，在細微的呵護與照顧中表露無疑，這種細膩的安排，自然地讓讀者對介紹的「相親數」有感，不自覺地也像主角魔數師般地談戀愛了，如同220不曾忘了284。

換位思考 靈活變化

同樣身為一名數學老師，最常被問到的一個問題就是：數學在生活有什麼用處？為什麼要學數學？這些都是困擾數學老師的問題。在「陷計」一篇中，『我拿筆、你拿鑰匙、口袋是錢』簡單的三句話，因為主客的異位，就可以有多種不同的意義，因此作者說：「數學可以告訴我們，選擇的多樣化；語言可以告訴我們，選擇的制約化。」這是強大的國文與數學的結合，個人認為除了跨科的結合之外，作者也提醒了大家一件重要的事，「當我們願意換位思考時，許多問題都會出現解決的方案」。

誰說學數學在生活中派不上用場呢？！

如果您想學會幾招數學魔數／術，讓氣氛歡樂，不能錯過這本書。

如果您想感受數學在生活中的有趣應用，不能錯過這本書。

如果您想擁有一本能帶給自己全新體會的書，更不能錯過它。

補教名師呂捷說：「哥教的不是歷史是人性」。

「魔數術學」說的不只是數學，更有對人生的體悟、對他人的尊重與對數學的熱情。

本書相當值得您細細品味！

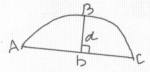

自序

讓數學成為可創造的美麗奇蹟

作者 莊惟棟

筆者曾經「自以為」數學對任何人是美妙而動人的，無法體會對於數學恐懼的學子心情，這種態度直到有英文恐懼的我遇到一件趣事而有改觀……

有一天，騎著摩托車載著女兒，突然來了二位騎腳踏車、皮膚白皙金髮碧眼的年輕女孩，這是台灣常見的摩門教傳教士。一看到外國人臉孔，我的全身細胞突然緊繃、寒毛豎起，期待她們搭訕的是我女兒，女兒的英文程度比我好太多了。事總與願違，我生硬的擠出How do you do？簡短的回答Yes、No，慶幸她的問題我都能聽懂，而且精準回答，但是我不瞞各位，我已經用盡60%的英文了！

兩眼不敢直視金髮美女，期待著紅燈瞬間轉綠，如坐針氈的40秒令我握緊油門，恨不得下一秒狂奔而去。就在那得到救贖般的綠燈亮起時，我興奮得發揮那80%的英文能力，「Good-bye」！那壓力釋放如沁涼的冰水，澆在豔陽下的皮膚上，透心舒暢，但仍偷瞥一眼後照鏡，深怕對方是自行車好手，追上來再聊幾句。

看完這一幕，女兒的手微微顫抖，忍俊不禁下噗哧一聲，我這做父親的玻璃心小小受創，女兒是在嘲笑我這對英文有特別過敏症的父親吧？停紅綠燈時，我轉頭瞪了她一眼，沒好氣的說：「親愛的，妳在笑爸爸吼？」女兒扶著安全帽，可愛地側頭對我說：「啟稟父皇，剛剛那個姐姐全程都說中文耶！您是在躲什麼啦？哈哈哈！」我自己也尷尬笑了出來，回想剛剛現場的發生，我對英文的恐懼與排斥已經到了「無我」的最高境界，想起我的學生們，如果他們對數學也有極度的過敏症狀，我應該反思如何讓他們進入愛上數學的迴圈，分為無懼、感受、喜歡、熱愛、探究五個層

次，期許我自己能夠時時反思，並以此為目標。

創造數學美麗與魅力的發想油然而生，期待完成一本特別的數學科普書（漫畫＋小說＋數學魔術），帶給讀者不同的數學面貌。對於學生來說，是一本充滿著奇情的懸念與魔術的精彩；對教師來說，唾手可得的隨身物品，就是完美的數學教具與「魔數」道具；對於離開校園、不再上數學課的人來說，將可透過書中的實例，發現生活上的bug，並解決堆積已久的日常難題。

筆者期許著，將數學的魅力發揚光大，讓孩子誘發或擁有自學力之動力與能力，將是這本書最大的目的與價值。Proclus曾說：「哪裡有數？哪裡就有美！」以此書感謝家人、師長、朋友，感謝有您們，感謝讀者的購買，讓我為這本數學、小說、漫畫、魔數融合的一本書，獻上我最誠摯的20%英文，Thank you！

$$\sin(\alpha + \beta) = \sin\alpha\cos\beta \pm \cos\alpha\sin\beta$$

第 1 招

手機
增溫術

Steven 這招可以教我們嗎？

到底是怎麼辦到的？別賣關子了！

哈哈哈，大家把手機拿出來吧…

IOS手機的操作方式

打開計算機後，輸入今天的日期，注意不要讓觀眾看到！

原來要事先偷按！

接著將手機橫放，變成工程電算器，輸入 +0 × (…

然後，再讓大家來輸入自己的生日日期…

現在不論輸入什麼日期，最後只要按下 ＝，就會出現一開始設定的數字！

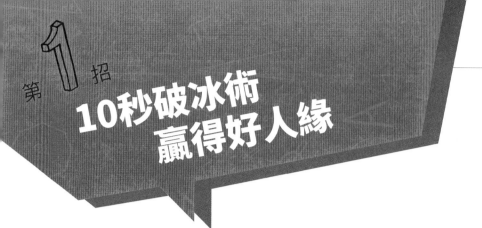

10秒破冰術
贏得好人緣

大家在餐聚時，到了冷漠期就會滑手機避免尷尬！這個文明帶來的便利，卻失了聚會的溫度，這時魔數師Steven拿出手機，告訴大家最近計算機有個新功能很酷，可以算出「好緣份」日期，大家眼睛一亮，雙眼瞪大著凝視⋯⋯

魔數師Steven：「大家一起輸入生日，比如我是2月7日，就輸入0207×。」並示範給大家看。

小加、乘乘、阿減、除爸開始輸入了0921×、0123×、1123×、0602×⋯⋯

乘出來的日子會非常非常大，甚至用上了科學計號的顯示方式，這時魔數師Steven告訴大家，我們最後一個動作就是÷我們上次見面的日子（例如：20180801），請按下＝！

哇！哇！怎麼會這樣！

此起彼落的驚呼聲和後面一群人狀況外的詢問聲，整個現場溫度上升，大家彼此的心又迅速的牽動在一起。

因為計算機上面出現的數字，就是此時此刻的⋯⋯「今天」。

大夥聽著魔數師Steven講解這個魔數的操作方法，並告訴大

$\sin(\alpha \pm \beta) = \sin\alpha \cos\beta \pm \cos\alpha \sin\beta$

家：「下次聚會收起手機吧！別浪費我們相處的時間了！」於是紛紛點頭表示贊同，並閒話家常，一起聊聊過去、現在，和未來！

手機增溫術變法大解密

方案一：ios手機

❶ 打開計算機，然後輸入今天的日期，例如：「20180801」。

❷ 將手機橫放，變成工程電算器，輸入+0×(
現在不論輸入什麼，最後只要按下=，就會出現一開始設定的數字。

掃描QRcode
輕鬆學魔數

方案二：Android手機

❶ 下載工程計算機「realcalc」。

❷ 打開計算機，然後輸入今天的日期，例如：「20180801」。

❸ 輸入+0×(
現在不論輸入什麼，最後只要按下=，就會出現一開始設定的數字。

我們一起來變手機魔數吧！

用手機魔數喚起歡樂笑容

如果人生有「見一次、少一次」的體悟，那這個人必定有心惜緣！

假使你的父母現在60歲，平均壽命以80歲計，並且你沒有跟父母同住；那麼，你每年見到父母的天數，大概是過年2天、中秋節1天、母親節或父親節1天，共4天。

每天相處的時間大概是10小時；所以：20年×4天×10小時=800小時。

也就是說，你這輩子和父母相處的日子只剩下33天⋯⋯

回想人生路上一路走來，緣份來來去去，智慧手機不該是降低我們的生活溫度，而是提昇我們的智慧，讓每一個緣份都記下這個魔數的歡樂笑容。

魔數師解讀神秘傷感的數字

魔數師Steven在散步回家的路上，想著這些傷感的數字，無意識的撥弄手機上的電話號碼，不小心撥了出去！並趕快掛斷。

不到30秒，電話那頭回撥問道：「你找我？」

魔數師Steven欲言又止的樣子：「啊！我想說聖誕節快到了，本來想約妳和大家一起玩交換禮物，可是⋯⋯我猜妳這天一定會⋯⋯，所以我剛剛快速掛斷電話了，不好意思，打擾到妳了。」

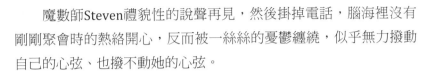
魔數師Steven禮貌性的說聲再見，然後掛掉電話，腦海裡沒有剛剛聚會時的熱絡開心，反而被一絲絲的憂鬱纏繞，似乎無力撥動自己的心弦、也撥不動她的心弦。

這個神祕的她，四個鄰居好友都知道她的存在，他們叫她「數學女孩Sharon」，她和魔數師Steven有一種完美的聯結卻又不安的隔閡，至於到底有什麼特別的故事，從沒聽過魔數師Steven說起。

Steven的魔數秘訣大公開

四則運算的基本：
先括號、再乘除、後加減

在四則運算式中，為了解應用問題或分段計算的方便，必須符合「括號優先、再乘除、後加減」，這個魔數就是利用這個數學計算上的特性，把算式寫成如下的情形：

$x + 0×($

因為所有人的生日都在括號內，最後乘以0必為0，因此 $x + 0 = x$ 就會讓計算機跳回原來的數字了。

利用這個原理也能巧妙得到對方的電話號碼，例如：輸入自己的電話號碼0.957957957，請對方輸入自己的電話號碼0.9……、乘以生日、乘以車牌、乘以……

最後請觀眾，除以自己的生日。

當按下＝，就會跳出電話號碼。請對方撥打手機，告訴他撥打這通電話就可以找到人生重要貴人。當他撥打時，你的手機就響了起來。

下頁繼續

魔數術學

這不是超能力
但能操控人心

$\sin(\alpha+\beta)=\sin\alpha\cos\beta+\cos\alpha\sin\beta$

針對計算機，有一個腦筋急轉彎遊戲，在計算機的螢幕上顯示了66666

詢問朋友：如何讓66666瞬間變成99999呢？

99%的朋友：把計算機翻轉180度就好了。

魔數師Steven：聰明！但是……（手比著電子計算機）

觀眾：哇！

不知道什麼時候？計算機的螢幕真的變成99999了！

方法：

輸入33333+66666

在觀眾得意自己很聰明時，把計算機轉回來時偷按一下＝得到99999

手機增溫術你倆都學會了嗎？

OK

第2招

鬥智必勝術

025

小加，妳知道為什麼會選15這個數字作為勝負呢？

$1+2+3+4+5+6+7+8+9=(1+9)\times9\div2=45$

$1\sim9$這九個數的總和是45，$45\div3=15$

嗯…？

把數字填入九宮格，各行、各列、對角線的組合皆為15，總共有8種組合。

8	1	6
3	5	7
4	9	2

就如同OOXX的遊戲一樣，先連成一線的總和是15，就贏得比賽。

OOXX的遊戲？這我會玩！但有這麼簡單嗎？

沒錯，所以關鍵就在於結合OX遊戲！

策略一　第一種贏得策略是先選5，對手取奇數我方必勝。

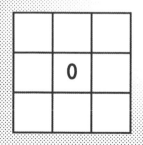

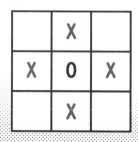

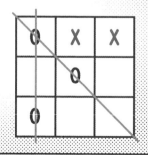

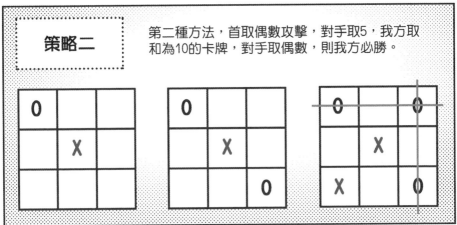

善用九宮格策略
從不輸求和到獲勝

sin (α±β) = sinα cosβ ± cosα sinβ

小加哭喪著臉很急的拉著剛下班的魔數師Steven：「Steven，我們採訪組要有人留守值班，你快幫我，不然我就不能參加聖誕節交換禮物遊戲了！」

魔數師Steven是大樓這層樓的管委，大小事大家都喜歡找他。這層共住五個人，是好鄰居也是好友。Steven雖然疲累不堪，但還是耐著性子聽完小加的話。

小加：「我們組長喜歡玩一個搶15遊戲，雖然遊戲只用到加法，但我這個新人經驗值不高，每玩必輸，這次留守值班就不能和大家玩交換禮物遊戲了，Steven，是不是有什麼訣竅啊？」

比賽，必定有輸有贏！最好玩的比賽就是不僅僅有點運氣，也要靠一點實力！如果手邊只有幾張紙、幾張撲克牌，就可以完成這個遊戲，用來比賽輸贏確實比剪刀石頭布有趣多了。

魔數師Steven：「妳可以跟我說說規則嗎？」

小加：「我這裡有9張牌，1～9，他們叫它搶15遊戲。規則是這樣的……」

❶ 先猜拳決定誰先攻擊，每人思考時間不得超過10秒。

❷ 每次取一張牌。

❸ 輪流取牌。

❹ 只要手上任三張牌，和為15，即為勝利。

魔數師Steven和小加玩了幾把，除了少數和局，倒是贏了許多回！

其中有一次情形是這樣。

「魔數師Steven取2、小加取5」

「魔數師 Steven取8、小加取6」

「魔數師Steven取4、小加取3」

「魔數師Steven取9（得到2+4+9=15），Steven贏了！」

小加不服氣的說：「哼！早知道就取9。」

魔數師Steven微笑答：「哈哈，若妳真的取9，就不會輸了嗎？」

小加立刻反擊回話：「齁！果然有數學的必勝策略！」

魔數師Steven：「倒不是必勝，但是一定可以不輸，只要一方懂策略，另一方不懂，也差不多可以說是必勝了。」

人生的快樂在於盡情享受贏的成就感

魔數師Steven很喜歡桌遊，也常發明獨特的結合數學教學桌遊，在策略遊戲中的鬥智對魔數師Steven來說，是救回被3C綁架的家人、學生、朋友的秘密法寶。喜歡贏是人的天性，而這種成就感與快樂，更能提昇人與人之間的溫度，可以取代冰冷的虛擬網路。

鬥智必勝術變法大解密

搶15遊戲

❶ 隨意拿取9張紙寫上1~9的數字，或是取撲克牌1~9。

❷ 每次輪流取牌，一次一張。

❸ 取任三張和為15即為勝。

先試玩看看，想要贏則需了解數學原理並詳加探究。

想當年，一群數學人，互相對戰競爭卻又互相指引與學習，那段時光真是好不快樂呀！

魔數師Steven想起自己好久沒和數學人那群死黨玩遊戲了，迫不及待的把這個遊戲分享給通訊群裡的朋友，並直接視訊神秘的數學女孩Sharon。魔數師Steven準備好九張牌，用電腦視訊玩這個遊戲。結果數學女孩Sharon只輸第一次，後面十幾局兩人都沒有輸贏！

魔數師Steven：「妳竟然第一次玩，就這麼快掌握要訣！」

數學女孩Sharon：「這個搶15遊戲有策略、有推理、有算術平均數、等差級數、中位數……等數學知識點。在整個形式上，看起來只是簡單的加法遊戲，其實結合了○、╳井字遊戲，這個遊戲若對手知道秘密，那兩人永遠是和局的狀態，難以分出勝負，若對手也掌握秘密，只好把牌蓋起來，一切就靠運氣決定勝負吧！」

$\sin(\alpha \pm \beta) = \sin\alpha\cos\beta \pm \cos\alpha\sin\beta$

魔數師Steven：「不愧是傳說中的數學女孩，這麼年輕的數學教授果然不是凡人可以比的。」

數學女孩Sharon露出難得的笑容：「但是，我第一次是輸了啊！你這個天才誇我，我怪不敢當的。」

魔數師Steven害羞的說：「我勝之不武！我先取5，其餘四個奇數就是地雷，撲克牌可以洗亂排列如下圖所示，讓奇數的面積大，容易讓對手取走奇數，這是心理控制的應用。就像商場內廣告牆上，商品面積占越大就越有優勢。」

數學女孩Sharon收起笑容說：「原來如此，有點晚了，先說晚安了，謝謝你介紹有趣的遊戲。再見！」

魔數師Steven輕聲又不捨的說了再見，等到對方的視訊全滅了才蓋上電腦……

這不是超能力
但能操控人心

魔數術學

善用算術平均數、等差級數、中位數　你也可以贏得漂亮

8	1	6
3	5	7
4	9	2

Q1. 為什麼是15這個數字作為勝負？

答：1+2+3+4+5+6+7+8+9=(1+9)×9÷2=45

1~9這九個數的總和是45，45÷3=15

所以分配給三組後，各行、各列、斜線的組合皆為15，總共有8種組合。

Q2. 組成15的八種組合是哪八種？

答：(8,1,6)、(3,5,7)、(4,9,2)、(8,3,4)、(1,5,9)、(6,7,2)、(8,5,2)、(6,5,4)

Q3. 哪一張卡牌最好用？

答：首取5攻擊！對手取奇數則我方必勝。

從下表及Q2.可以明顯看到，5的功能及組合最多。

8	1	6
3	5	7
4	9	2

$\sin(\alpha+\beta) = \sin\alpha\cos\beta + \cos\alpha\sin\beta$

Q4.有無較佳的優勢攻略？
（九宮格的攻略就和○、╳遊戲一樣）

答：

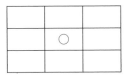 

(只要對手拿取的牌為這四個區域「╳為奇數」，我們確定已經獲勝了。)

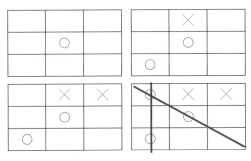

發現了嗎？我們可以造就出兩條路線，這時候╳已經無法阻斷○形成一條線了。

首取偶數攻擊！對手取5，我方取和為10的卡牌，對手取偶數，則我方必勝。

  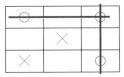

這個方法也能發展二條路線來取勝。

下頁繼續

Q5.從數字上來看最佳策略？

答：

8	1	6
3	5	7
4	9	2

先手取5

只要對手取走奇數，我們任意取一張偶數，就立於不敗之地了。

8	1	6
3	5	7
4	9	2

另外一種：

先手取8，後手取5，先手再取2 (8+2=10)

後手此次只要取偶數，先手又必勝了。

這個方法用在對手被你用第一種方式擊敗幾回後，會發現5與偶數為王牌，我們利用他這樣的心理因素，把5和偶數留給他取，我們就能掌握必勝的優勢。

Q6. 九宮格這樣的數字平均有什麼技巧，可以容易的寫出來？

答：1必須配上14，而14是6+8、5+9；只有兩條路徑
所以不能寫在角落或中央，剩下四個邊格都一樣，因為九宮格可以旋轉。5是最多組合的，必然在中央。

	1	
	5	

另一方面，平均這件事就是大不能配大、小不能配小，例如1和2就不會是同一組，因此2必定和1不行不列，我們可以用「爬樓梯」方式來填寫這個九宮格，往右上角爬，若已經有數字在這個位置，就下移一格。

				9	2	7	
			8	1	6	8	
			3	5	7	3	
			4	9	2		

往右上看2，和右下角的位置是一樣的，因為3到右上已經有1，所以向下寫4。

下頁繼續

Q7. 承Q6.，我們用爬樓梯方法寫寫25宮格？

17	24	1	8	15
23	5	7	14	16
4	6	13	20	22
10	12	19	21	3
11	18	25	2	9

答：

往右上走，撞到數字就往下一步。

Q8. 承Q7，25宮格的每一行列和是多少？

答：

(1+25) ×25 ÷ 2 = 325

325 ÷ 5 = 65

（每一行的和是65）

你有發現中心點的數字是整體的中位數(也是等差中項)，(1+25) ÷ 2 = 13

如同九宮格中心是5，(1+9) ÷ 2 = 5

讓自己的好友們掌握策略，下次和別人比賽或聯誼活動，我們就能輕鬆獲勝，與好友們多了共同的秘密語言，一開始大家可能需要九宮格小抄，但是在掌握精髓後，一切勝利是自然而輕鬆的，一起成為一個探究數學奧秘、享受數學奧妙的魔數師吧！

第3招

交換禮物

039

哈哈哈…我可以教你如何抽到理想情人的禮物，但你也要問問小加，她的禮物願不願意讓你抽到…

方法其實很簡單…

哼！！！

我們把圖卡編上圖案，一聯放進信封、另一聯錯位一個信封後貼在信封外，如同表格這樣，大家就永遠都不會抽到自己的禮物了。

信封外	🔑	🎵	🌐	🚹	⬡
信封內	🎧	🗺	🚺	🕷	🔒

喔～所以信封外的圖卡和信封內的禮物圖卡，永遠都錯位一格。

我們用數字編號來解釋及安排，比較直觀，且好理解。

1	2	3	4	5	6
2	3	4	5	6	1

發現了嗎?我們使號碼完全錯排一格，這樣就不會拿到自己的禮物。

只是數字總令人覺得有公式存在，而且這樣的排法就失去剛好互換禮物這種驚喜。

這時解決方案，就是用可愛的圖案取代數字，嚴肅的數學感就不見了。

話說回來…Steven

我和阿減互相抽到彼此的禮物，該不會是你動的手腳吧!?

唉…那個…阿減私下有特別拜託我啦…哈哈…

只要安排妳和阿減為一組做錯位，另外乘乘、除爸和我三個人同組互相錯位，就完成了。
就像這樣：

自己號碼	1	2	3	4	5
自己選卡（信封外）	🔑	♪	🌍	🧍	⬠
禮物號碼	2	1	5	3	4
禮物卡片（信封內）	🎧	🔒	🕷	🗺	🧍‍♀️

學會這個交換禮物的邏輯，不僅不會抽到自己的禮物，還可以控制交換禮物的結果。

改變事物排序 就能逆轉結局

聖誕節到了,小加、阿減、乘乘、除爸、魔數師Steven,五個人要交換禮物!

去年交換禮物時,阿減是主持人,結果自己拿到自己的禮物,場面有些尷尬,是小加拿自己獲得的禮物,與阿減進行交換,才解決這個窘境。

魔數師Steven告訴大家,拿到自己禮物這件事的機率,不低喲……

今年交換禮物由魔數師Steven主持,大家好期待禮物之外,更期待他怎麼克服抽到自己禮物的問題!

魔數師Steven拿出五個信封,五個信封上面分別各有一張卡片,裡面也各有一張卡片。五張小信封上背面有未撕下的雙面膠,五個信封上面的卡片,圖案如下:

小加	阿減	乘乘	除爸	魔數師Steven

交換禮物——改變事物排序 就能逆轉結局

魔數師Steven請大家選自己喜歡的圖案卡片放到自己口袋（這時還不知道自己信封內的圖案是什麼），大家選剩的信封才是魔數師Steven的。魔數師Steven拿完卡片後，要大家將自己信封撕下雙面膠，貼到自己的禮物上。

接下來是好玩的遊戲開始，大家拿著自己的卡片，去每一個禮物上的信封，把信封內卡片抽出，如果卡片吻合，就是屬於你的禮物！

以下為禮物上的卡片：

小加　　阿減　　乘乘　　除爸　　魔數師Steven

哇！大家都沒有拿到自己的禮物，而且暗戀美少女小加的宅宅阿減，恰好和小加交換禮物，讓小加和阿減的互動增溫不少，大家更是開心這次沒有拿到自己禮物的窘境。到底是今年特別幸運呢？還是主持人魔數師Steven又施了什麼數學魔法？

拿到自己準備的禮物，機會不低！

交換禮物變法大解密

聖誕節與跨年趴最火的活動之一是「交換禮物」。煞風景的是自己拿到自己準備的禮物;如果拿著自己的禮物再找人換,總是有些尷尬的感覺!而且這件事的機率,還不低呢!

如果四個人交換禮物該怎麼換最好

信封內	你是1	你是2	你是3	你是4
自己選卡片	拿2禮	拿3禮	拿4禮	拿1禮

我們先簡單假設只有四個人,把四張紙片作成上、下二聯。你是1、你是2……這個在信封內,貼在禮物上,下聯撕下來拿在手上,等一下把每個信封內禮物號碼打開,每人拿自己獎號。

But……

人生就是那個But很不給力、不完美。我們先用數學編號來解釋及安排,比較直觀好理解。

1 2 3 4 5 6 7 8 9 10
2 3 4 5 6 7 8 9 10 1

$\sin(\alpha \pm \beta) = \sin\alpha\cos\beta \pm \cos\alpha\sin\beta$

發現了嗎?我們使號碼完全錯排一格,這樣就不會拿到自己的禮物。可是數字總令人覺得有公式存在,而且這樣的排法就失去剛好互換禮物的驚喜。當遊戲結束後,大家會知道自己的禮物被前一號拿到。雖然遊戲進行時是自己抽的,不大有感覺被下排一位,但是一般人對於數字,會有被設定的感覺及印象。這時解決方案,就是把數字移除,數學感也就消失了。

把1~10變成動物、星座、圖騰、水果、卡通、有梗的文字……就會變成有趣的隨機配對;因為大腦對於既存經驗判讀很重,所以圖案會減少數學味,使得活動順暢又驚奇;另外透過事先編排,我們可以控制某幾組禮物的產生,恰好是互換禮物的巧合氣氛。就如同下表的排法,小加和阿減互換禮物,後面的三人3、4、5,差一格就對應5、3、4,這樣一來就不會拿到自己的禮物了!

自己號碼	1	2	3	4	5
自己選卡 (信封外)	小加	阿減	乘乘	除爸	魔數師 Steven
禮物號碼	2	1	5	3	4
禮物卡片 (信封內)	小加	阿減	乘乘	除爸	魔數師 Steven

紙牌和硬幣的數學魔術

這樣的數學原理應用，也可以隨手玩數學魔術。

請拿出唾手可得的硬幣三個：1元、5元、10元；拿出三張紙牌A、5、10。

請觀眾等魔數師Steven轉身過去後，把紙牌蓋在三個硬幣上面。魔數師Steven提醒大家說：紙牌和硬幣的數字請不要一樣，這樣才能增加魔術困難度。

等觀眾蓋好之後，魔數師Steven拿著手機轉身回來說：你確定都有蓋住一個硬幣吧？（順手滑開一張牌確認，但沒有把牌翻面。）

然後魔術師Steven打開手機上的照片說：這是我的預言。

大家打開紙牌後對應手機的照片竟然一模一樣，驚艷不已！

魔術師Steven說，這個魔術很簡單，請按照下面的方法操作。

❶把一張A的背面做上小記號（可以用鉛筆點一個點，或隨手摺個角。）

❷出現的牌型只有以下兩種

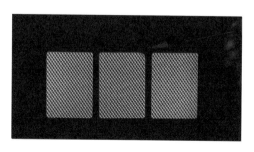

$\sin(\alpha + \beta) = \sin\alpha\cos\beta \pm \cos\alpha\sin\beta$

第一種牌型

第二種牌型

我們也可以製表來觀察上面出現的牌型

	1元	5元	10元
牌型一	5	10	A
牌型二	10	A	5

那怎麼知道是牌型一或是牌型二呢？

魔數師Steven轉身回來時，故意推一張（作記號的A）確認，看看底下是否放了硬幣！

這時候就可以確認是哪一型了？然後再滑動手機照片做展示。

此圖就是牌型二的狀況，我們只需確認一張就可以知道。

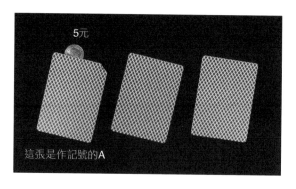

這個數學魔術是不是簡單又有趣呢！大家以後玩交換禮物，是不是有特別的想法了呢？你可以很驕傲的說：「我的活動精心安排，不會有人抽到自己的禮物。」別人可不敢這樣保證，畢竟抽到自己禮物的機率很高呢！四個人以上玩交換禮物，有人拿到自己的禮物機率，高達63%，可見交換禮物遊戲能夠圓滿成功不是一件容易的事！

控制所有人的選擇

　　魔數師Steven冷落著校園歡樂的氣氛，以自己孤單的影子陪伴，拿著聖誕禮物去找以前的大學同學數學女孩Sharon。數學女孩Sharon現在是一名數學系教授，是一個外冷內熱的美女教授。魔數師Steven帶了食物陪數學女孩Sharon在研究室裡，吃著簡單的聖誕晚餐，並分享今天交換禮物的開心事！

　　數學女孩Sharon：「小加和阿減互換禮物，不是巧合吧？」

　　魔數師Steven：「呵呵！妳是怎麼知道的？」

　　數學女孩Sharon：「女人的直覺！」

　　魔數師Steven：「嗯！是我控制的；或者說，我控制所有人的選擇！」

　　數學女孩Sharon：「太誇張了！但是我相信你辦得到。可以告訴我怎麼做到的嗎？」

　　魔數師Steven：「好朋友們互相了解罷了！阿減是個宅宅，興趣是宅在家聽音樂，他的房間收藏很多黑膠唱片，卡片我設定了音符，他一定會取那一張。小加是記者，很喜歡推理挖新聞、玩密室逃脫，身上又習慣配戴鑰匙造形項鍊，我故意給一張鑰匙的卡片，她一定會選擇的。乘乘是知名部落客，全世界的新奇好玩她都想擁有，她的粉絲團封面就是一個大地球，應該會選擇地球圖案。至於除爸是個漢子，很照顧大家，除了我以外，他一定是最後選的，他有一個小罩門，就是怕蜘蛛，所以⋯⋯蜘蛛網的卡片必定會剩下來給我。」

魔數師Steven自信地繼續說：「大家一開始就被卡片圖案制約了，雖然我把數字拿掉，改成圖案，但是對我來說，它們就像數字一樣的規矩排列，一切都在我的掌握中！我最喜歡乘乘的創意，還有她從世界各國帶回來的小玩意兒，因此我一開始就想拿到她的禮物。」

數學女孩Sharon：「呃！你好可怕！」

魔數師Steven嘟嘴撒嬌說：「喂！大家都很開心耶！」

數學女孩Sharon難得促狹的對著眼前像小男生的魔數師Steven說：「就是這樣才可怕！大家都開心以為自己選擇，結果是你控制一切。哈哈！你好可怕。」

數學女孩Sharon：「如果事情發生不是你想的那樣？大家自己隨意抽取，沒想太多呢？」

魔數師Steven說：「我能不能拿到乘乘禮物，就交給幸運女神決定吧！但是有兩件事，一是小加與阿減兩人互換禮物、二是大家不拿到自己禮物，我保證能做到這兩點就行了。」

數學女孩Sharon：「若小加與阿減隨意抽取呢？」

魔數師Steven說：「那我也會用魔法換走他們的卡片！妳知道我有這樣能力的。現在時間晚了，我先走了……妳今天在這裡，注意安全，若要人陪，隨時給我電話。」

數學女孩Sharon：「謝謝你的聖誕晚餐和禮物，可是……我沒準備禮物給你。」

基於一些理由，數學女孩Sharon明知道魔術師Steven的情意，卻又有意表現出冷淡的樣子！

$sin(\alpha \pm \beta) = sin\alpha \ cos\beta \pm cos\alpha \ sin\beta$

　　魔數師Steven說：「沒關係，我現在想告訴妳三個字，在妳書架上那本《圓周率之書》裡的第322~324位！希望有一天我可以等到妳的第325~327位。【註1】」

　　數學女孩Sharon看著不對應的畫面，校園內成雙成對的情侶牽著手，開心享受他們的舞會，數學女孩Sharon默默的背出圓周率第322~324位881（網路用語「bye bye」），他們兩個人心裡都知道，第325~327位，是暫時說不出口的話！

　　如果你以為世界上不會有這種只有數字的書，可以上網查詢Pi書。日本出版社「暗黑通信團」就出版了一本 π 的100萬位數字，想要知道第7890位數是多少，翻翻書就可以查的到！這個特別的出版社也出過質數、無限級數、連分數……等專業書籍。裡面就是數字而已，一本定價314日圓，而且銷售量出奇的好，有許多數學愛好者收藏或是買給朋友作紀念，歐美各國也仿效印製（沒有版權），一樣大受歡迎！

　　世上真的有人去背這種東西？請看看這則報導。

　　二十四歲的呂超，是西北農林科技大學的化學碩士，他花了「二十四小時零四分」的時間，毫無差錯地背誦圓周率從小數點後第六萬七千八百九十位，打破之前的金氏紀錄；先前背誦圓周率的金氏世界紀錄保持人，是由日本人「友寄英哲」在1995年所創造，那個時候他背到了小數點之後第四萬兩千一百九十五位。

註釋

【註1】
如果你想知道圓周率的第幾位是什麼數字，可以查詢http://www.angio.net/pi/bigpi.cgi

這不是超能力
但能操控人心

魔數術學

Steven的魔數秘訣大公開

排容原理讓生活變得更有趣

在數學上，不對應特定位置的數序問題，稱之為錯排問題，屬於高中排列組合單元。

從1～10人中，不拿到自己禮物的錯排數如下：

0, 1, 2, 9, 44, 265, 1854, 14833, 133496, 1334961

（高中考試，多考5人以內，由於一般化後數字太大難算，所以大考出現的機會不大，但是生活應用上及有趣性，倒是值得玩味探究。）

我們使用表格來看看錯排問題的應用（交換禮物），再延伸它的計算方法。

人數	交換禮物的總情形	不拿到自己禮物的情形	不拿到自己禮物的機率	拿到自己禮物的機率
1	1	0	0	1
2	2	1	0.5	0.5
3	6	2	0.333	0.667
4	24	9	0.375	0.625
5	120	44	0.367	0.633
6	720	265	0.368	0.632
7	5040	1854	0.368	0.632
8	40320	14833	0.368	0.632
9	362880	133496	0.368	0.632
10	3628800	1334961	0.368	0.632
11	39916800	14684570	0.368	0.632
12	479001600	176214841	0.368	0.632
13	6227020800	2290792932	0.368	0.632
14	87178291200	32071101049	0.368	0.632
15	1307674368000	481066515734	0.368	0.632

$sin(\alpha+\beta)=sin\alpha\,cos\beta \pm cos\alpha\,sin\beta$

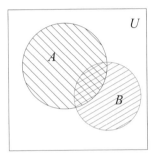

n人

交換禮物的總情形為$n! = n×(n-1)×(n-2)×\cdots×3×2×1$

不拿到自己的禮物情形，也就是錯排的組合數。

從表格發現，交換禮物成功，參與活動的人完全沒拿到自己禮物的機率約36.8%，這也太低了吧！換句話說，有63.2%的機會有人拿到自己準備的禮物，這樣窘窘尷尬場面發生機率太高了！

我們用取捨性的排容原理來觀察這些計算。

捨取（排容）原理：

$A∪B$：A 或是 B（兩個圓圈內的部分）

$A∩B$：A 而且 B（兩個圓圈交集的部分）

$(A∪B)'$：不是 A 也不是 B（兩個圓圈外的部分）

$n(A∪B)$：A 或是 B的個數

$n[(A∪B)']$：不是 A 也不是 B的個數

$$n(A∪B) = n(A) + n(B) \underbrace{-n(A∩B)}_{\text{扣掉重複}}$$

$$n[(A∪B)'] = \underbrace{n(U)}_{\text{全部}} - n(A∪B) = n(U) - n(A) - n(B) \underbrace{+n(A∩B)}_{\text{加回重複扣}}$$

下頁繼續

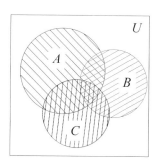

$$n(A \cup B \cup C) = n(A) + n(B) + n(C)$$
$$-n(A \cap B) - n(B \cap C) - n(A \cap C)$$
$$+n(A \cap B \cap C)$$

$$n[(A \cup B \cup C)'] = n(U) - n(A \cup B \cup C)$$
$$= n(U) - n(A) - n(B) - n(C)$$
$$+n(A \cap B) + n(B \cap C) + n(A \cap C)$$
$$-n(A \cap B \cap C)$$

不拿到自己的禮物情形是怎麼算出來的？我們用高中數學計算方式來看看：

2個人：甲帶的禮物是1、乙帶的禮物是2

任抽－（甲拿1）－（乙拿2）＋（甲拿1且乙拿2）

$= 2 - 1 - 1 + 1$

$= 1 \times 2! - 2 \times 1! + 1 \times 0!$

$= C(2,0) \times 2!$ ∵(2人有0人選到自己的禮物，其他2人任意選)

−C(2,1)×1!：(2人有1人選到自己的禮物，其他1人任意選)
　+C(2,2)×0!：(2人有2人選到自己的禮物，其他0人任意選)
=1 (1種)

其中C_r^n叫做組合，意思是在n個數字中要選取r個的方法數。

$$C_r^n = \frac{n!}{(n-r)!\,r!} = \frac{n(n-1)(n-2)\cdots(n-r+1)}{1\times2\times3\times\cdots\times r}$$

在網路上為了打字方便，有時也表達成$C(n,r)$

3個人：甲帶的禮物是1、乙帶的禮物是2、丙帶的禮物是3

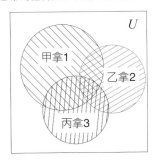

任抽−(甲拿1)−(乙拿2)−(丙拿3)
+(甲拿1且乙拿2)+(乙拿2且丙拿3)+(甲拿1且丙拿3)
−(甲拿1且乙拿2且丙拿3)
$= 1\times3! - 3\times2! + 3\times1! - 1\times0!$
= C(3,0)×3!：(3人有0人選到自己的禮物，其他3人任意選)
　−C(3,1)×2!：(3人有1人選到自己的禮物，其他2人任意選)
　+C(3,2)×1!：(3人有2人選到自己的禮物，其他1人任意選)
　−C(3,3)×0!：(3人有3人選到自己的禮物，其他0人任意選)
$= 6 - 6 + 3 - 1 = 2$ (2種)

以此類推，4個人情形

C(4,0)×4!：(4人有0人選到自己的禮物，其他4人任意選)=24
C(4,1)×3!：(4人有1人選到自己的禮物，其他3人任意選)=24
C(4,2)×2!：(4人有2人選到自己的禮物，其他2人任意選)=12
C(4,3)×1!：(4人有3人選到自己的禮物，其他1人任意選)=4

下頁繼續

C(4,4)×0!：(4人有4人選到自己的禮物，其他0人任意選)＝1

$24 - 24 + 12 - 4 + 1 = 9$　(9種)

5個人情形

C(5,0)×5!：(5人有0人選到自己的禮物，其他5人任意選)＝120

C(5,1)×4!：(5人有1人選到自己的禮物，其他4人任意選)＝120

C(5,2)×3!：(5人有2人選到自己的禮物，其他3人任意選)＝60

C(5,3)×2!：(5人有3人選到自己的禮物，其他2人任意選)＝20

C(5,4)×1!：(5人有4人選到自己的禮物，其他1人任意選)＝5

C(5,5)×0!：(5人有5人選到自己的禮物，其他0人任意選)＝1

$120 - 120 + 60 - 20 + 5 - 1 = 44$　　(44種)

常見高中數學題型應用：

將1～6這六個數字排列出來，每個數字不能重複，且第一個數字不能填1，第二個數字不能填2，以此類推......請問共有多少種排列組合？

解：

總共的排法有：

$$\underline{C(6,0)\times6!} - \underline{C(6,1)\times5!} + \underline{C(6,2)\times4!} - \underline{C(6,3)\times3!} + \underline{C(6,4)\times2!}$$
$$-\underline{C(6,5)\times1!} + \underline{C(6,6)\times0!} = 265$$

運算$C(n,r)$的係數值，可以發現和巴斯卡三角形有關，讀者可以查詢「二項式定理」，從二項式定理也可發現，為什麼三角形的每一橫列總和，恰為2^0、2^1、2^2、2^3、2^4、……、2^n

```
                              1
                           1     1
                        1     2     1
                     1     3     3     1
                  1     4     6     4     1
               1     5    10    10     5     1
            1     6    15    20    15     6     1
         1     7    21    35    35    21     7     1
      1     8    28    56    70    56    28     8     1
   1     9    36    84   126   126    84     3     9     1
1    10    45   120   210   252   210   120    45    10     1
1    11    55   165   330   462   462   330   165    55    11     1
1    12    66   220   495   792   924   792   495   220    66    12     1
```

3人錯排係數是 1 3 3 1
4人錯排係數是 1 4 6 4 1
5人錯排係數是 1 5 10 10 5 1
6人錯排係數是 1 6 15 20 15 6 1
……

（三角形的每一個數字都是它頭上兩個數字相加而得，是不是很有趣呢？離題了，我們回到錯排問題聚焦一下吧！）

如果把這樣的錯排公式推論延伸，錯位排列數的公式可以簡化為：$\left\lfloor \frac{n!}{e} + 0.5 \right\rfloor$，其中的 $\lfloor n \rfloor$ 為高斯取整函數（小於等於 n 的最大整數）。

這個簡化公式可以由之前的錯排公式推導出來。事實上，考慮指數函數在 0 處的泰勒展開：

$$e^{-1} = 1 + \frac{(-1)^1}{1!} + \frac{(-1)^2}{2!} + \cdots + (-1)^n \frac{1}{n!} + \frac{e^{-c}}{(n-1)!}(c-1)^n$$

$$= \frac{1}{2!} - \frac{1}{3!} + \cdots + (-1)^n \frac{1}{n!} + R_n = \frac{D_n}{n!} + R_n$$

所以，$\frac{n!}{e} - D_n = n! R_n$。其中 R_n 是泰勒展開的餘項，c 是介於0和1之間的某個實數。R_n 的絕對值上限為 $|R_n| \leq \frac{e^0}{(n+1)!} = \frac{1}{(n+1)!}$

則 $\left| \frac{n!}{e} - D_n \right| \leq \frac{n!}{(n+1)!} = \frac{1}{n+1}$

當 $n \geq 2$，$\frac{1}{n+1}$ 嚴格小於0.5，所以 $D_n = n!\left(\frac{1}{2!} - \frac{1}{3!} + \cdots + (-1)^n \frac{1}{n!} \right)$

是最接近 $\frac{n!}{e}$ 的整數，可以寫成 $D_n = \left\lfloor \frac{n!}{e} + 0.5 \right\rfloor$

所以 $1 - \frac{D_n}{n!}$ 就是「發生自己拿到自己禮物的機率」，當人數3人以上，就

超過60%了，人數4人以上，數據「皆」近63.2%。

最後美妙的 $D_n = \left\lfloor \frac{n!}{e} + 0.5 \right\rfloor$ 就是所謂的錯排數速算結論（e 大約為2.71828）

當 $n = 3$，$D_n = 2$；(我們的硬幣蓋牌數學魔術，就是利用兩種情形這個結果)
$n = 4$，$D_n = 9$；
$n = 5$，$D_n = 44$；…
從這個數學原理，是否發現數學真的就在你身邊，而且非常的好用又神奇呢！

這不是超能力
但能操控人心

魔數術學

Note

快快快寫下魔
數筆記!

秘

第4招

巧緣相印

剛剛傳訊息說還在車上，先進來坐吧…

小加，先來吃滷味吧，這甜不辣超推！！

（約莫過了20分鐘…）

叮咚～

我回來了！！

趕飛機很累吧？歡迎回家…

小白，我超想你的！！你有沒有也超想我啊？

接下來，就要麻煩大家一起來口唸歌詞了。

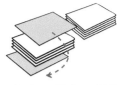

3.每念一個字，就拿一張到最下方，任意選擇哪一疊開始，或是唸到哪個字要換疊都可以。

4.每念完一句，就從兩疊最上方各抽取一張出來並列。

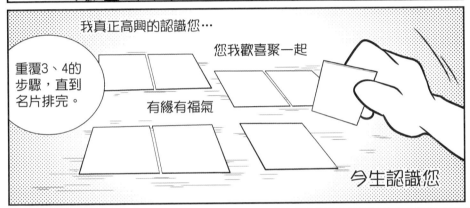

重覆3、4的步驟，直到名片排完。

我真正高興的認識您…

您我歡喜聚一起

有緣有福氣

今生認識您

剩下最後兩張則接著前方的名片排列。
現在，我們把五組各半的名片，全部翻成正面！

原本被打亂的名片，全部都對上了。

哇!!

太神奇了！Steven，這招教我!!

第4招

善用數列歸納邏輯
對應出理想的結局

大家下班總喜歡來乘乘家小聚、喝點小酒,偶爾這位網紅開心還會送這些沒機會出國的鄰居們一些小禮物。

乘乘常出國,只要回台灣,就像公主一般的宅在家,三餐都是其他人在張羅。特別是除爸的時間比較彈性,大家都覺得根本是男朋友在照顧女友;連乘乘家中的那隻小白,和除爸的互動都比和乘乘還親暱呢!即使乘乘不在,除爸都像男主人一樣開門讓我們進來。

除爸總是露出雪白的牙齒,永遠正向開朗陽光。今天應該是業務不順利,眼神中透點憂鬱,也可能和母親的身體狀況有關。若說我們之中,誰可以一拳打飛歹徒,一定是除爸;但要我們說誰可以讓大家欺負而不還手,也是除爸。雖然已經過了適婚年紀,因家境不好,必須照顧父母及弟妹,遲遲不敢交女友;若我有妹妹,肯定希望她嫁的是這樣有責任感又可信任的好男人。

瞠目結舌的破冰遊戲

今天乘乘回國,大家聚在她家,小加、阿減吃著鹹酥雞、喝啤酒聊起天來。魔數師Steven正用電腦與數學女孩Sharon視訊。乘

$sin(\alpha+\beta)=sin\alpha\ cos\beta+cos\alpha\ sin\beta$

乘拎著大包小包進門，除爸飛快地接手，深怕乘乘太累。忽然間，除爸襯衫口袋掉出了兩張被撕掉的名片，乘乘略帶嘲諷的表情說：「一定是被客戶撕掉的！」

正在和數學女孩Sharon討論數學難題的魔數師Steven，突然從筆電後跳出來為除爸答腔：「那是……是我們兩個剛剛玩撕名片魔數遊戲啦！」乘乘半信半疑說：「最好有這種魔數？」正在看電視的小加和阿減也插著甜不辣和鹹酥雞湊過來，想聽聽撕名片魔數。

魔數師Steven：「這是很好玩的破冰遊戲。你們去回收紙張的箱子裡，找幾張商品名片過來，我們來玩玩看。」魔數師Steven發號司令要大家跟著做。

大家把五張不同名片面朝下，混合洗亂；之後，把它們撕成兩半，疊成一疊。並依序數五張到桌面，這樣剛好分成兩疊，接下來大家一起大聲唸：「我真正高興的認識您，您我歡喜聚一起，有緣有福氣，今生認識您。」

請記得每念一個字，就把一張拿到最下方，任意選擇哪一疊開始，或是唸到哪一個字要換疊都可以。每念完一句，把兩疊最上面的那一張一起放到一旁去。

大家照作後，每個人面前都有五組各半的名片，魔數師Steven要大家把眼前的名片翻成正面。哇哇哇！驚呼聲四起！大家眼前的名片沒有一張是錯亂的，都是成雙成對的在一起。

除爸給了魔數師Steven一個感謝的眼神，大夥兒也恢復以往的熱絡。聽完驕傲的乘乘大談這次出國的經驗後，今天輪到小加和阿減打掃收拾，魔數師Steven和除爸步出了乘乘的家，安靜的走向自己的住處。

巧緣相印變法大解密

撕名片魔數

<u>我真正高興的認識您</u>
<u>您我歡喜聚一起</u>
<u>有緣有福氣</u>
<u>今生認識您</u>【註1】
拿出五張名片或不要的紙牌，撕成兩半，先疊在一起，然後「依序數五張到桌面」形成兩疊。每念一個字，就把一張拿到最下方，任意選擇哪一疊開始，或是唸到哪一個字換疊都可以（請記得要在同一句裡）。念完一句，把兩疊最上面的那一張一起放到一旁去，最後五張一定會出現完美的對應。

> **註釋**
>
> 【註1】
> 除了用唸的之外，也可以用歡迎歌的曲調唱出來。

開朗積極的態度找到絕處逢生的出路

　　魔數師Steven走到房門前，抬頭微笑示意除爸再來續攤喝一杯吧！除爸露出開朗的笑容，幾乎是用跑的衝向魔數師Steven。

　　除爸喝了兩杯後：「我沒事！我知道你擔心我，但是你什麼都沒問，陪我喝陪我瞎聊，你真是一個好兄弟。我今天不過是被客戶拒絕了，他當面撕我的名片，把名片丟在地上，我撿起來再重新遞給他一張新名片。」

$\sin(\alpha+\beta)=\sin\alpha\cos\beta+\cos\alpha\sin\beta$

魔數師Steven覺得自己朋友委屈了，安慰說：「兄弟，你也太偉大了，EQ真高！」

除爸說：「我遞新名片時告訴他，這名片一張5元，我很窮，請王董別再撕了！結果他再次撕了它，丟了100元給我，叫我滾。我再給他18張，告訴他100元可買20張，我雖然沒念什麼書，但要做到童叟無欺的算術，肯定是沒問題的。」除爸說到這，兩個大男人眼眶都紅了。

魔數師Steven假裝舉杯乾杯，其實是自己偷偷拭淚，也給除爸偷擦淚水的機會，兩個大男人猛灌著一杯杯的烈酒，企圖隱藏自己壓抑情緒的軟弱。

突然除爸接到電話：「是、是，謝謝王董，您別這麼說，是我不該在那個時間打擾您，是我非常抱歉！謝謝您肯給機會讓我服務！別這麼說，不用請我吃飯，去拜訪您就是我的榮幸了，好、好、好！明天見。」

除爸開懷大笑：「兄弟，我要接到大單了！王董親自打電話向我道歉，還說明天請我吃飯，討論訂單的事。哈哈！你真是我的幸運星。」

魔數師Steven把酒倒滿，開心的和除爸舉杯，除爸嚴肅的說：「謝謝你剛剛替我解危，沒在乘乘面前丟臉，也謝謝你陪我一起難過、一起開心。謝謝！」

魔數師Steven：「我們是好友，你別客氣。而且王董是該道歉，但是我真的佩服你，你的EQ和度量令我望塵莫及，這杯我為你乾了，祝你大單永遠接不完，年年順心、事事順利！」

這是完美的拒絕還是表白

　　送了除爸回去後，魔數師Steven才想起剛剛和數學女孩Sharon正在討論數學問題，心急的趕快開啟電腦。魔數師Steven連忙道歉，數學女孩Sharon在那頭說：「沒事，我剛剛也在忙！但是你那段撕名片魔術，我可是聽得很入迷而且津津有味，那麼快就編出那樣的魔術，我真是佩服你，我聽完那段才下線的。雖然原來的問題我們沒討論出結論，但是你那個神救援，讓我覺得很值得，今天就先休息了，我們明天聊吧！晚安，暖男老師。」

　　魔數師Steven已經習慣數學女孩Sharon晚安的句點，今天多了一句「暖男老師」，足以讓魔數師Steven內心激動奔騰！想起聖誕夜後的那三個數字的密碼，算是表白嗎？她一定知道是哪三個數字，但是……她的回應又算是拒絕嗎？魔數師Steven不敢再想下去，又是半杯酒，已經在喉嚨了……

撕破的名片又重新被拼回，真是太神奇了！

Steven的魔數秘訣大公開

循環對應的奧妙

很多時候我們用圖示來輔助思考，是非常有效率的。五張牌被放到桌上後，就會形成這樣的對應狀態。

因此不論取哪一堆，只要經過四個步驟（我 真 正 高），頂牌都會一樣。

我 真 正 高 興 的 認 識 您（後面可以加5的倍數之數字，會循環回原狀態。）

念完字，取牌之後，把第一張放到一旁，必定會是一樣的同組牌。

經三個步驟（您 我 歡）又可使頂排一致

您 我 歡 喜 聚 一 起（後面可以加4的倍數之字數，會循環回原狀態。）

下頁繼續

這不是超能力
但能操控人心

經二個步驟（有緣）

有 緣 有 福 氣（後面可以加3的倍數之字數，會循環回原狀態。）

經一個步驟(今)

今 生 認 識 您(後面可以加2的倍數之字數，會循環回原狀態。)

發現規律了嗎？

五張牌，必須移動四張，這樣頭尾就會一致。因此五張牌就是需四個字數、四張
牌需三個字數、三張牌需兩個字數、兩張牌需一個字數。

以五張牌為例，編寫話語格式為：

4個字：我 真 正 高 **興 的 認 識 您**

3個字：您 我 歡 喜 **聚 一 起**

2個字：有 緣 **有 福 氣**

1個字：今 **生 認 識 您**

可是魔術情境中的魔數師Steven，編寫方式並不是 4、3、2、1的格式啊？

是的，正確的一般化結果應該是：

m張牌

$m-1$個字+mn個字（n為倍數，可為0、1、2、3...的非負整數倍數。）

例如第一句「我 真 正 高 興 的 認 識 您」

「我 真 正 高」這四個字就能控制頂牌的位置。

「興 的 認 識 您」這五個字只是循環一次五張牌，順序不會變動。

因此，在編寫詩詞或文句上，可以增加5的倍數之字數。

以此首《認識你》為例

$4 + 5n \ (n = 1)$

$3 + 4n \ (n = 1)$

$2 + 3n \ (n = 1)$

$1 + 2n \ (n = 2)$

這樣的文章格式由本書作者魔數師Steven創作，命名為《巧數文》。只要依此格式創作，就能變出「巧緣相印」的對應魔術。在國文新詩教學應用上，非常適合學生，並容易引導孩子喜歡寫作，得到變魔數的附加樂趣。

以下以一篇新詩【6張牌使用】為例：

進步　Steven

眼前的遊人

低頭畫符，人人失了魂

乍看下，天下鬼城

家書，非萬金

讀，不回

此創作詩文，標點符號恰為格式化的分界，是一個容易模仿及方便參考的範本。

乖乖回國了，我要趕快下班迎接她。

下頁繼續

這不是超能力
但能操控人心 魔數術學

Note

快快快寫下魔
數筆記!

第5招

拒絕的藝數

好了好了⋯

阿減，你最近是不是忙得沒日沒夜的？是工作增多嗎？

實驗室主任都把工作丟給我⋯
因為我不會唱歌、不會打牌、更不會喝酒⋯

他們的聚餐我也不想去，沒想到主任就把工作往我這邊丟。

一開始想說反正我也不去聚餐，為了不破壞大家興致，就接下工作⋯
結果大家好像當成習慣⋯

什麼啊?太欺負人了!

誇張耶!

這種事你應該要嚴厲拒絕的!

我有啊!後來主任提議，用丟硬幣決定⋯

我猜對工作就給他，但這根本不公平，他把工作分成十份，賭十次之後⋯
我一個人平均都做四、五份，剩下的一半他分給九個人⋯

我最近就是忙和心煩這樣的同事，乖乖抱歉!讀書會我下次一定參加。
今天就先放我回去⋯

你先不要走，我去粉絲團PO文，叫人把他們肉搜出來!
職場霸凌嘛!

說明

我們丟擲硬幣連續三次一樣(正正正)、(反反反),共有2種情形,投擲3次是8(2^3=8)種,你們有$\frac{1}{4}$的機率會輸($\frac{2}{8}=\frac{1}{4}$)。

圖解:硬幣投擲三次可能情形有八種(正 = + ; 反 = -)

+++	++-	+-+	+--
---	--+	-+-	-++

不過,如果是連續十次投擲就不是這麼簡單了!我們用樹狀圖列出你們勝的情形,只有178種,全部情形是2的十次方,共有1024種。

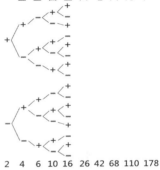

一 二 三 四 五 六 七 八 九 十

2 4 6 10 16 26 42 68 110 178

我的勝率是 $\frac{1024-178}{1024}$ 大約82.6%。沒有任何騙術,一切都是數學和話術的巧妙而已。

再遇到丟硬幣分工作,你就把大家叫進來當見證人,和實驗室主任對賭!如果贏了,就一份工作也別給你!

好!!下次我會說,我幫你們是把你們當同事當朋友,再找我玩不公平的遊戲,別說我沒把你們當朋友。

阿減加油!!

好MAN!帥喔!

077

贏家用人際互動化解敵意
輸家習慣用經驗判斷輸贏

阿減最近聚會都沒來參加，連他暗戀的小加找他，阿減也應付兩句就回屋子裡去。

今天乘乘晚餐後，滔滔不絕的炫耀出版的新書大賣，正在簽名的她告訴大家：「去把阿減叫來，姐姐我今天要把新書簽上美美的名字，為大家署名，讓你們先享受我這本《部落客的秘密功課》。哇~~哈哈！叫我女王！」

阿減被除爸拉了進來，他那面無血色的臉，不懂應對進退的態度惹惱了乘乘，乘乘拉高嗓門：「死孩子！你知道多少人期待本女王的新書嗎？你不想拿就不要拿，不要一副要死不活的樣子！」

乘乘從小家境好又習慣被服侍，阿減這個一路求學的書呆子，總是宅在實驗室和家裡，兩人的習慣不同，常常不對盤，每次都是其他三人居中協調。事實上，乘乘是刀子嘴、豆腐心，每次有補品或國外的高級健康食品，必定留給常待在實驗室沒日沒夜工作的阿減補補身體。阿減今天充滿血絲的眼睛透出怒火，眼見火山爆發之時，小加很快的控制阿減的怒火：「阿減帥哥！乘乘姐第一個為你簽名的，我和除爸都快吃醋了，快點先謝謝姐姐，再和我一起與網紅大明星拍張照，曬一下臉書吧！」

不愧是漂亮有智慧的小加，未來一定是人見人愛的女主播！魔

$\sin(\alpha \pm \beta) = \sin\alpha\cos\beta \pm \cos\alpha\sin\beta$

數師Steven苦笑地示意除爸用他強壯的肌肉，推阿減一把，幫大家拍張與網紅乘乘的大合照。乘乘嘟了嘴說：「小加，妳最乖，姐姐書籤好給妳。」

聰明的魔數師Steven為了化解尷尬，使用快讀的策略，重點式的瀏覽幾個專篇，並提出問題讓乘乘盡情的發揮（或是炫耀），這個技巧在心理學上很有用。一方面讓對方覺得你對她的東西有興趣；另一方面給出申論題，讓對方發揮她的想法與話題延續。對方就會對你有一定程度的好感，並在心情上得到依賴和寄託。

暗黑的職場霸凌

魔數師Steven發現阿減的頭雖然面向乘乘，但是腳卻朝著門外。於是找到插話點立刻問：「阿減，你最近是不是忙得沒日沒夜的？是工作增多嗎？」

阿減有點落寞的說：「實驗室主任都把工作丟給我，因為我不會唱歌、不會打牌、更不會喝酒。他們的聚餐我也不想去，沒想到主任就把工作往我這邊丟。」

正義感十足的小加憤怒的說：「欺負人嘛！真是的！」

除爸也幫腔呼應：「不該你做的，要拒絕啊！」

阿減：「我拒絕了。大家卻冷言冷語說我不想去，就別破壞大家興致。我只好接下工作，或許還能換得一聲謝謝呢！沒想到大家竟然當成習慣。主任還說分工作用丟硬幣決定，由老天爺來安排最公平。如果我猜錯了正反面，就是我做，猜對了就主任做，但是這

樣的遊戲規則根本不公平！我知道除了一般性的專業工作外，主任
把困難的特殊任務分成十份，如果我猜錯硬幣方向，就是我做這個
工作。我一個人平均都做四、五份工作，剩下的一半他分給九個人
做，我最近就是忙和心煩這樣的事情。乘乘姐對不起，下次再聽妳
分享，我先走了。」

乘乘忿恨不平的說：「這什麼鬼，職場霸凌嗎？我去粉絲團寫
文章，讓粉絲把這些人肉搜出來。」

即使心裡沒勇氣 行動也要有自信

魔數師Steven知道阿減的個性，容易遇到這樣的事，但也不該
由乘乘做這種事，會越搞越複雜。

魔數師Steven說：「阿減，我教你一個方法，你應該獨自面
對，而且你真該多讀乘乘姐的書和粉絲團的文章。也要學小加常到
外面踏青旅遊，改變心情和整個人的氣場。除爸的陽光活力，更是
招來好運的利器與魅力。現在我告訴你一招擲硬幣魔法，下次再遇
到主任工作分配，就用這招跟他賭一場大的。」

魔數師Steven的氣勢忽然間變得不一樣！他要大家把酒倒滿，
並大聲說：「今天賭場大的，跟不跟！有種跟嗎？」

大家知道魔數師Steven是故意表演給阿減看的，讓阿減知道氣
勢和應對事情的魄力與態度。大家附和道：「跟！跟！跟！輸了就
乾！」

— 拒絕的藝數——贏家用人際互動化解敵意　輸家習慣用經驗判斷輸贏 —

該拒絕就拒絕 別人才會珍惜你的幫忙

　　魔數師Steven：「大家拿一個硬幣出來，我們玩個大的。我當莊，我和大家對賭，一個個來挑戰一下。玩法很簡單，你們投擲硬幣十次，如果連續三次一樣就是你們輸，學過高中數學吧，連續三次一樣（正正正）、（反反反），共有2種情形，投擲三次是 $8(2^3 = 8)$ 種【註1】，你們有 $\frac{1}{4}$ 的機率會輸 $\left(\frac{2}{8} = \frac{1}{4}\right)$。」

　　魔數師Steven：「不用擔心有什麼詭計，硬幣是你們自己的，我不會碰到它，而且就算幸運女神眷顧我，發生（正正）、或是（反反）的情形時，決定成敗的最後一次正反，至少也是 $\frac{1}{2}$ 吧！怎麼說我的勝率都比 $\frac{1}{2}$ 低吧！」

　　大家覺得魔數師Steven是笨蛋嗎？這種不公平的賭局也敢賭！真的對這位數學老師的衝動非常意外。

　　正當大家準備看魔數師Steven怎麼喝下四杯酒時，結果令人震驚，他們四個人全輸了，所有人的硬幣都連續出現三次一樣的情形，大家呆若木雞望著魔數師Steven，懷疑自己被催眠還是硬幣被掉包了……

　　魔數師Steven告訴阿減：「下次再遇到丟硬幣分工作，你就把大家叫進來當見證人，和實驗室主任對賭！如果你輸，包下十份工作，如果你贏，就一份工作也別給你！」

註釋

【註1】
硬幣投擲三次可能情形有8種（正為＋；反為－）
（＋＋＋）、（＋＋－）、（＋－＋）、（＋－－）、（－－－）、（－－＋）、（－＋－）、（－＋＋）

魔數師Steven惡狠狠的眼睛對大家說：「我幫你們，是把你們當同事、當朋友，下次再找我玩不公平的遊戲，別說我沒把你們當朋友。」

小加：「Steven，你好MAN，好帥喔！」

除爸：「我戀愛了！」

除爸話一出，逗得大家哈哈大笑，紛紛要求魔數師Steven趕快傳授這招，除爸也分享了職場經驗，告訴阿減：「該拒絕就拒絕！別人才會珍惜你的幫忙。」

拒絕的藝數變法大解密

數學話術的巧妙勝率

什麼都不用做。
只要對方連續投擲十次，我們的勝率大約是82.6%。
一切都是數學和話術的巧妙而已。

用正向的態度面對事情　用真誠的溫度結交朋友

太多的理所當然可能是錯誤或是謬誤。面對職場的霸凌，只有自己能夠解決！除爸有陽光的正向心智支撐，內心力量強大！阿減缺乏人際上的互動與經驗，但他的同事，仍不應該把集體的排擠視為理所當然！

隔天阿減的大反擊甚是精彩，這次的賭局實驗室主任會輸，就是太把直觀的經驗與習慣視為理所當然了。

　　阿減這次的賭局，讓實驗室同事對他刮目相看，特別是魔數師Steven最後教了阿減一件很重要的事，用嚴肅的態度正面表達，將全力對抗惡意與敵意之後（表達界限與原則），必須用真誠的態度與溫度才能交到朋友（關懷與在意週遭的人與事）。雖然實驗室主任輸了這場擲幣賭注，阿減仍抱了五份工作離開會議室，並輕聲對主任說：「這五件事我熟，主任一個人做太辛苦了，如果有同事想學的，可以找我，我會把做好的工具程式分享給大家，以後大家可以非常有效率，提早下班唱歌了。」

　　阿減為自己贏得尊重，也積極調整自己的態度與對別人的關注，不再宅在自己的電玩世界裡，連乘乘這位女王都稱讚他越來越有溫度呢！小加更獎勵他，只要戒掉掛網的熬夜玩遊戲習慣，就請他看電影、約他一起去健身。

解開糾結情緒的秘密寶箱

　　魔數師Steven很高興朋友們每個人都快樂開心，今天乘乘出國、小加出差、阿減和除爸去小加介紹的健身房健身，本來魔數師Steven也想一起去，可是今天收到一個不知名的包裹，牽絆了他的身心，包裹裡面是一個用密碼鎖鎖住的寶箱和一張卡片！密碼鎖有五碼，卡片只有這樣的幾個字，沒有任何提示？

> hELLO , Steven
>
> 　一開始的希望之光，是開啟潘朵拉盒的鑰匙？
> 　如果開啟它將傷害你，你還願意費盡心思找到答案嗎？

　　魔數師Steven知道這是聖誕夜的醞釀後，數學女孩Sharon寄給他的回應。魔數師Steven從不勉強她說出原因、說出承諾！甚至對她的拒絕視而不見，這個寶箱是她這幾天不願意聯絡的原因，也是掙扎之後不合邏輯的行為。魔數師Steven了解，這一切都是因為……她不想說出拋不下的歷史故事，卻又希望讓魔數師Steven明白秘密的糾結情緒，現在能做的，就是把它解開。

第 **5** 招

Steven的魔數秘訣大公開

費氏數列大驚奇

這個硬幣魔數可以說是最神奇的魔數。因為……魔數師Steven什麼都不用做！我們用樹狀圖計算一下實驗室主任的勝率。

找不要連續三次相同的組合情形，如下：

一 二 三 四 五 六 七 八 九 十

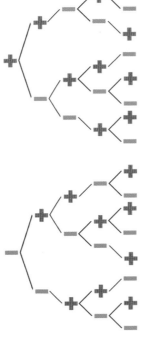

2　4　6　10　16　26　42　68　110　178

下頁繼續

$2 + 4 = 6$

$4 + 6 = 10$

$6 + 10 = 16$

......

特別的是，對手的勝利情形數，形成費氏數列的形式。我們先一般化費氏數列。

費氏數列：$F_1 = F_2 = 1$，$F_n = F_{n-1} + F_{n-2}$，$n \in \mathbb{N}$，$n \geq 3$

$< F_n >$：$1, 1, 2, 3, 5, 8, 13, 21, \cdots$

推導公式：我們先假設，某個$k \in \mathbb{R}$使得$(F_n - kF_{n-1})$為等比數列

設$F_n - kF_{n-1} = r(F_{n-1} - kF_{n-2})$

則$F_n = kF_{n-1} + rF_{n-1} - rkF_{n-2} = (k + r)F_{n-1} - rkF_{n-2}$

得$k + r = 1$且$rk = -1$，解得

(1) $(r, k) = \left(\frac{1+\sqrt{5}}{2}, \frac{1-\sqrt{5}}{2}\right)$ 或 (2) $(r, k) = \left(\frac{1-\sqrt{5}}{2}, \frac{1+\sqrt{5}}{2}\right)$

設$a_n = F_n - kF_{n-1}$，則$a_n = ra_{n-1}$，$n \in \mathbb{N}$，$n \geq 3$

$a_2 = F_2 - kF_1 = 1 - k = r$，$a_n = a_2 r^{n-2} = r^{n-1}$

$$F_n = a_n + kF_{n-1} = r^{n-1} + k(a_{n-1} + kF_{n-2}) = r^{n-1} + r^{n-2}k + k^2 F_{n-2}$$

$$= r^{n-1} + r^{n-2}k + k^2(a_{n-2} + kF_{n-3}) = r^{n-1} + r^{n-2}k + r^{n-3}k^2 + k^3 F_{n-3}$$

$$= r^{n-1} + r^{n-2}k + r^{n-3}k^2 + r^{n-4}k^3 + \cdots + rk^{n-2} + k^{n-1}F_1$$

$$= r^{n-1} + r^{n-2}k + r^{n-3}k^2 + r^{n-4}k^3 + \cdots + rk^{n-2} + k^{n-1}$$

$$= \frac{k^n - r^n}{k - r}$$

不論$(r, k) = \left(\frac{1+\sqrt{5}}{2}, \frac{1-\sqrt{5}}{2}\right)$ 或 $\left(\frac{1-\sqrt{5}}{2}, \frac{1+\sqrt{5}}{2}\right)$

F_n均等於$\frac{1}{\sqrt{5}}\left[\left(\frac{1+\sqrt{5}}{2}\right)^n - \left(\frac{1-\sqrt{5}}{2}\right)^n\right]$

上述的對手不敗的情形可寫為$f(n) = 2 \times \frac{1}{\sqrt{5}}\left[\left(\frac{1+\sqrt{5}}{2}\right)^{n+1} - \left(\frac{1-\sqrt{5}}{2}\right)^{n+1}\right]$

n為投擲次數，$n = 10$代入，得178

2^n為總投擲情形的組合數

因此我方的勝率為$\frac{2^n - f(n)}{2^n}$（$n = 10$代入）

擲十次我方勝率為$\frac{1024 - 178}{1024} \approx 82.6\%$

這應該是一個一秒鐘就能學會又神奇的數學魔數吧！

$\sin(\alpha \pm \beta) = \sin\alpha\cos\beta \pm \cos\alpha\sin\beta$

第6招

生日快樂

哇～太浪漫了!

千里之外的兩人,在同個國家邂逅…這就是命中注定!!

後來呢?妳有答應他的邀約嗎?

這個嘛…

我聽不到聽不到…

欲知後事如何,請密切鎖定我的部落格,還有記得按讚加分享喔～我先回去寫文了…

唉!!乘乘妳怎麼這樣!?

拜託告訴我,妳與法國帥哥的後續如何,不然我今晚肯定會睡不著!!

除爸你還好嗎?

小加,女生必須懂得保護自己,就當時來說,妳不知道會發生什麼危險,潔身自愛是最好的選擇!

當時我騙他說,為了慶祝生日而出國旅行,他竟然馬上拿出4張小卡片變魔數,來祝我生日快樂…

這種把妹戲法如此順手,不知呼嚨了多少年輕妹妹?

但法國帥哥再怎麼厲害,手法也沒Steven精彩就是了!

唉…先謝謝乘乘的肯定,其實這個魔數在第一次認識小加時就變過了…

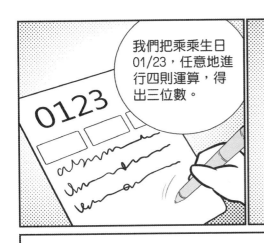

我們把乘乘生日 01/23，任意地進行四則運算，得出三位數。

$$0 + 1 + 2 + 3 = 6$$
$$2 \times 3 + 1 = 7$$
$$0 + 1 + 3 - 2 = 2$$

我們可以得到比如672這樣一個數…

要記得任意組合的三位數，百位數與個位數不能一樣。
然後將數字做兩個步驟操作，逆向數字後相減得到一個差

$$672 - 276 = 396$$

再將差的數字，逆向後相加

$$396 + 693 = 1089$$

最終我們得到了一組密碼1089，那麼，請各位把目光移回到這張卡片上…

哇～真的是1089耶！！

等等等，太快了啦…拜託再一次！！

091

第6招

不是每件事都要有結果
最美的是不後悔的回憶

乘乘回國後分享異國帥哥的浪漫故事，我們眾人聽得如癡如醉，特別是小加，幻想著金髮帥哥在耳邊的輕語與浪漫，雙手用力抓著沙發上的大抱枕，整個擁在懷裡。乘乘不愧是作家、文字網紅，很會吊胃口，字字牽動聽眾的情緒，大家好想聽重點，後來到底和金髮帥哥怎麼了？特別是除爸，那假笑假的太明顯，他應該比所有人更想知道後續的發展情節。

乘乘：「故事講完了。剛好手機把我的話全轉成文字，省了不少事。散會，我要去粉絲團寫故事了。」

除爸整個傻眼，甚至有些怨念，小加發現除爸的落寞，故意拉住乘乘……

小加尖叫的說：「乘乘姐，妳不可以這樣，哪有人這樣的，金髮帥哥的戲份還沒演完耶？妳不可以害大家失眠啦！」

乘乘：「親愛的小加妹妹，最好的結局就是沒有結局。金髮帥哥的浪漫我享受到了；至於金髮帥哥最好的結局就是晚餐後說再見！沒有留下任何的聯絡方式。我只留下剛剛給你們看的那張合照，僅此而已。」

小加很遺憾的說：「啊！也太不科學了吧！」

乘乘：「在國外，女孩必須懂得保護自己，不要看到帥哥就暈船。就當時來說，妳不知道會發生什麼危險，潔身自愛是最好的選擇。就現實來說，遠距離的戀愛很辛苦。可靠的男人，是妳能感受他的溫度；不論在什麼地方，妳都能相信他、也能感受到他。」

乘乘繼續說：「而且出國邂逅的男生一定處處留情，我騙他說，我是因為最近升職而且生日，所以和姊妹們來旅遊；他竟然馬上拿出四張小卡片變魔數，祝賀我生日快樂，向我恭喜呢！這種貼心浪漫竟然信手拈來，能有多少女生不淪陷唭！」說到這，乘乘微笑挑眉的看著魔數師Steven：「但是手法沒有你精彩。」這時大家瞬間把目光移向魔數師Steven。

魔數師Steven明白大家的意思，不好意思的回答：「第一次認識小加時，我好像變過這個魔數，哈哈！這四張卡片一直都在我的皮夾裡。我的學生有時候會在生日當天，帶糖果請大家吃，老師總要回個禮；或是臨時知道今天是同事生日，變個數學魔術，有趣又令人印象深刻，我可不是用來把妹喔！」

阿減：「Steven，我們可不是要聽你說這個，我們可不可以也學個幾招呢？這樣跟同事互動也會增溫不少。尤其是我們小加大記者，特別羨慕金髮帥哥的浪漫，我更應該學會，偶爾也能給我們美女記者滿足一下當女王的感覺。」

除了小加滿臉通紅的傻笑外，其他人無不對於阿減的刮目相看，乘乘更誇他：「阿減，士別三日、不同凡響！」

阿減靦腆的說：「都是我的美麗女王教得好啊！」

此話一出，大家笑開懷，就像一家人一樣。

發現超神準的生日預言

　　魔數師Steven很快的拿出四張卡片，卡片上是三根沒點著的蠟燭，和一根點著的蠟燭。他快速用點著的蠟燭與沒點著的接觸了一下，瞬間竟然全部點著了，更誇張的是還變出一個蛋糕，蛋糕的背面還有一個預言。

　　在預言還沒揭開之前，魔數師Steven請乘乘許願。

　　魔數師Steven：「乘乘，請把自己生日01/23，進行四則運算，得出三位數。」

　　妳可以這麼計算 $0+1+2+3=6$；$2\times3+1=7$；$0+1+3-2=2$，而得到672這樣一個數（百位數與個位數不要一樣）。然後將數字作兩個步驟操作，逆向數字後相減得到一個差，如 $672-276=396$，再將差的數字，逆向後相加得到 $396+693=1089$。

　　這時候，我們打開蛋糕卡牌背後的預言，果然是1089！

　　眾人驚呼搶著學習這招魔數。

點燃蠟燭祝你
生日快樂

$\sin(\alpha+\beta)=\sin\alpha\cos\beta+\cos\alpha\sin\beta$

生日快樂變法大解密

最驚喜的生日祝福

生日卡牌安排如QR示範。用到一個翻牌技巧，使觀眾看不到其中兩張牌。

請觀眾把自己生日進行四則運算，得出三位數。

例如前文乘乘生日為01/23

可以 $0 + 1 + 2 + 3 = 6$；$2 \times 3 + 1 = 7$；$0 + 1 + 3 - 2 = 2$

得到672這樣一個數（百位數與個位數不要一樣），

然後將數字作兩個步驟操作，逆向數字後相減得到一個差。

承上範例：

$672 - 276 = 396$

再將差的數字，逆向後相加。

$396 + 693 = 1089$

只要依此操作必定是1089！

掃描QRcode
輕鬆學魔數

揭開潘朵拉的寶盒

　　魔數師Steven開心的跑回家取生日祝福卡牌，發送給期待小試身手的大家。回到自己家後，看著桌上的卡片，第一天收到就秒解密碼的他，遲遲沒有勇氣打開潘朵拉的盒子。

> 如果開啟它就傷害你，你還願意看著羅密歐死去的箱子嗎？
>
> 一開始的幸運之光，是開啟眼睛就失去的謊言？
>
> hELLO，Steven

魔數師Steven知道07734就是密碼，一個打開卻會傷害自己的盒子，因為她，魔數師Steven決定承受這個傷害。

密碼鎖喀叭一聲，魔數師Steven打開了小小精緻的寶盒！面對裡面一疊怵目驚心的車禍照片，令魔數師Steven倒抽一口氣，就像是把零下10度的冷空氣猛吸一口到鼻腔內，可以隱約感受到肺臟、心臟的刺痛。

數學女孩Sharon怎麼會有這些照片？這些照片又是什麼意義？底下有一張新的提示卡片。

3 (A) 81 65 61 37 58 8(B) 14(C)

https://ppt.cc/fWCmhx (輸入ABC 密碼)

看完照片後，魔數師Steven已經知道，與「那件事」有關。而上方的數列，魔數師Steven也已經立刻想到答案。這次他沒有遲疑，立刻輸入答案，因為答案已經是數學女孩Sharon面臨精神崩潰的求救信號……

輸入後，「那件事」的真相，似乎有一股曙光注入……

Steven的魔數秘訣大公開

你不能不知道的預言數大解密

若透過生日所湊成的三位數百位數為a、十位數為b、個位數為c，且$a \neq c$，即
三位數為$100a + 10b + c$

假設$a > c$，則逆向相減會得到

$$100a + 10b + c - (100c + 10b + a)$$
$$= 100a + 10b + c - 100c - 10b - a$$
$$= 99a - 99c = 99(a - c)$$

$a - c = 1 \quad \rightarrow \quad 099 + 990 = 1089$

$a - c = 2 \quad \rightarrow \quad 198 + 891 = 1089$

$a - c = 3 \quad \rightarrow \quad 297 + 792 = 1089$

$a - c = 4 \quad \rightarrow \quad 396 + 693 = 1089$

$a - c = 5 \quad \rightarrow \quad 495 + 594 = 1089$

$a - c = 6 \quad \rightarrow \quad 594 + 495 = 1089$

$a - c = 7 \quad \rightarrow \quad 693 + 396 = 1089$

$a - c = 8 \quad \rightarrow \quad 792 + 297 = 1089$

$a - c = 9 \quad \rightarrow \quad 891 + 198 = 1089$

發現$a - c$的值無論是多少，最後答案都是1089

而另一種簡潔的證明如下：

$$100a + 10b + c - (100c + 10b + a)$$
$$= 100a + 10b + c - 100c - 10b - a$$
$$= 100(a - c) + (c - a)$$
$$= 100(a - c - 1) + 100 + (c - a)$$
$$= 100\underbrace{(a - c - 1)}_{百位} + \underbrace{90}_{十位} + \underbrace{(c - a + 10)}_{個位}$$

$$100(a - c - 1) + 90 + (c - a + 10) + 100(c - a + 10) + 90 + (a - c - 1)$$
$$= 100(a - c - 1 + c - a + 10) + 180 + (c - a + 10 + a - c - 1)$$
$$= 100 \times 9 + 180 + 9$$
$$= 1089$$

這不是超能力
但能操控人心

魔數術學

Note

$Sin(\alpha + \beta) = Sin\alpha \ Cos\beta + Cos\alpha \ Sin\beta$

快快快寫下魔
數筆記！

第7招

占卜數

張教授您好，我是Steven

張教授您好，我是Steven
請問今天下午您有空嗎？
因為Sharon臨時有事情
想麻煩張教授協助代課。

……

還是跑一趟Sharon的辦公室好了…

Steven老師!!

老師好，我是二班的陳宏傑，可以麻煩老師幫我算命嗎？

二班的陳宏傑…好像有聽簡老師提過他…

陳同學，為什麼想找我算命呢？

聽補習班的朋友說您很厲害，會用八卦測字算命，我們導師也這樣說過…

這樣啊…但找我算命有一個條件，就是要先學會自我占卜術。

什麼是自我占卜術？

規則說明

J Q K

1. 請拿一副撲克牌，把J、Q、K抽掉。

2. 撲克牌由左往右發，發成四疊。

3. 每三張連續牌為一個單位（最下面可循環到最上面一起計算），加起來尾數是9就收起來，放到手上牌的最下方。

oh

如果剩下一張，不僅代表你很幸運，也表示你期待我幫你算命這件事能夠美夢成真，這時候算起命來才會準！

但要完成撲克牌占卜術並不容易，有人花了一整天都還沒有結果呢⋯

我會努力排牌的！！

啊！！

方塊5、梅花8、梅花6，總和19，尾數是9，這三張可以收起來吧？

對，就是這麼做。

又有了！！

方塊4、紅心3、梅花2總和9，又可以拿掉牌了！！

很好很好⋯

這一排有方塊2、梅花4和方塊3，總和是9，又可以拿掉牌了！

越來越順手了囉～

這排的黑桃3、方塊7、梅花9總和19可以收，然後…嗯？

等等！！

中間這排還有紅心7、梅花5和梅花7，總和19這組…

剛剛沒看到這三張牌，現在可以拿掉嗎？

不行喔，如果忘了拿，只要下方再放了新牌就不能收牌了。

要等底下的牌解除…

照著這個規則繼續排列下去，直到全部收走，剩下一張牌為止。

排好再通知我，老師有事就先離開了…

103

執著而不固執
放下而不放棄

今天魔數師Steven下課時間在教室走廊上若有所思，平時喜歡和學生互動的他，今天反而不希望學生有任何問題發問，有數學問題的同學，全請同事代為處理。

魔數師Steven一個人靜靜躲在辦公室角落打電話、傳訊息，因為數學女孩Sharon失蹤了……

數學女孩Sharon系上的課沒有正常請假程序，只留下訊息要博班的研究生、助理先代班，系主任和其他教授也急著找她，魔數師Steven對於責任感重的數學女孩Sharon一反常態的脫序行為，急得像熱鍋上的螞蟻，魔數師Steven正在聯絡其他老師可否協助下午代課，自己想飛奔數學女孩Sharon的辦公室，畢竟她已經發出求救信號了，有些私人領域的事又不適合告訴其他教授或是助理，只好自己走一趟。

突然，有一位男學生拉住魔數師Steven，他說：「Steven老師，我想麻煩您幫我算命！」這個學生因為家庭狀況，是重點輔導對象，雖然不是自己班學生，魔數師Steven不敢掉以輕心，親切的詢問他：「為什麼你會找我算命？」

學生：「因為我補習班的同學說您很厲害，會用八卦測字算命，我們導師也這樣說過。」

一個人的許願占卜數

魔數師Steven：「好，找我算命有一個條件，就是要先學會自我占卜。你回家拿一副撲克牌，把J、Q、K抽掉，然後先在手上1~9寫一個數字，把牌由左往右發，發成四疊，每三張連續牌為一個單位（最下面那一張可以和上面一起計算），加起來尾數是9就收起來，放到手上牌的最下方，如果剩下一張，而且和你手上的數字一樣，代表你很幸運，這時候再幫你算命才會準。記得牌不要弄亂，把所有你手上的牌帶給老師，到時候我會替你好好卜一卦。」

於是，學生回到家後，就照魔數師Steven的規則擺下去（見下圖），直到全部收走剩下一張為止。

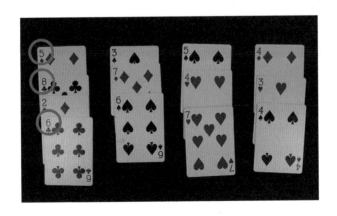

如果忘了拿，只要
下方再放牌就不能
收了，要等底下的
牌解除

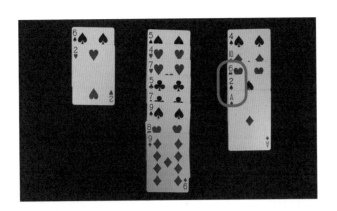

第七招

　　這個學生叫做陳宏傑，家中遭逢變故，父母在同一個工地發生意外，父母親離世後，宏傑的叔叔搬來與其同住，但是常外出四處打工，一週頂多回來一次。他的導師已經積極輔導這個孩子走出傷痛。魔數師Steven的催眠術和魔「數」是學校內公認的專業級人物，所以簡導師曾經拜託魔數師Steven關注一下這名孩子，魔數師Steven答應後，果然隔天孩子就主動來找他。魔數師Steven用這個數學占卜遊戲轉移宏傑的注意力，讓他有事做，又可以進行數學推論，等忙完數學女孩Sharon的事，回校上班再好好陪陪這名孩子，希望可以幫他走出傷痛。

占卜數變法大解密

尋找最後一張占卜牌

❶ 拿一副撲克牌,把J、Q、K抽掉。

❷ 把牌由左往右發,發成四疊,每三張連續牌為一個單位(最下面那一張可以和上面一起計算),加起來尾數是9就收起來,放到手上牌的最下方。

❸ 成功的狀態是剩下一張3。

破解寶盒密碼 發現995求救訊息

魔數師Steven打開寶盒看到這個數列時,很快的發現37、58這二個連續不快樂數,馬上解出ABC的答案。

3 (A) 81 65 61 37 58 8(B) 14(C)

分析:

快樂數有以下的特性:數字所有數位(digits)的平方和,得到的新數再次求所有數位的平方和,如此重複進行,最終結果必為1。

例如,以十進位為例:

$28 \to 2^2+8^2=68 \to 6^2+8^2=100 \to 1^2+0^2+0^2=1$

$32 \to 3^2+2^2=13 \to 1^1+3^2=10 \to 1^2+0^2=1$

$37 \to 3^2+7^2=58 \to 5^2+8^2=89 \to 8^2+9^2=145 \to 1^2+4^2+5^2=42$

$\to 4^2+2^2=20 \to 2^2+0^2=4 \to 4^2=16 \to 1^2+6^2=37 \cdots$

$\sin(\alpha+\beta)=\sin\alpha\cos\beta+\cos\alpha\sin\beta$

因此28和32是快樂數，而在37的計算過程中，37重複出現，繼續計算的結果只會是上述數字的循環，不會出現1，因此37不是快樂數。

不是快樂數的數稱為不快樂數（unhappy number），所有不快樂的數位平方和計算，最後都會進入4→16→37→58→89→145→42→20→4的循環中。

100以內的快樂數有1, 7, 10, 13, 19, 23, 28, 31, 32, 44, 49, 68, 70, 79, 82, 86, 91, 94, 97, 100，共20個。

以下是小於100的快樂數表格，淺紅色數字表示它是快樂數，深紅色數字表示它是不快樂數的循環。

00	01	02	03	04	05	06	07	08	09
10	11	12	13	14	15	16	17	18	19
20	21	22	23	24	25	26	27	28	29
30	31	32	33	34	35	36	37	38	39
40	41	42	43	44	45	46	47	48	49
50	51	52	53	54	55	56	57	58	59
60	61	62	63	64	65	66	67	68	69
70	71	72	73	74	75	76	77	78	79
80	81	82	83	84	85	86	87	88	89
90	91	92	93	94	95	96	97	98	99

以下是100到小於200的快樂數表格，淺紅色數字表示它是快樂數，深紅色數字表示它是不快樂數的循環。

100	101	102	103	104	105	106	107	108	109
110	111	112	113	114	115	116	117	118	119
120	121	122	123	124	125	126	127	128	129
130	131	132	133	134	135	136	137	138	139
140	141	142	143	144	145	146	147	148	149
150	151	152	153	154	155	156	157	158	159
160	161	162	163	164	165	166	167	168	169
170	171	172	173	174	175	176	177	178	179
180	181	182	183	184	185	186	187	188	189
190	191	192	193	194	195	196	197	198	199

以下是200到小於300的快樂數表格，淺紅色數字表示它是快樂數。

200	201	202	203	204	205	206	207	208	209
210	211	212	213	214	215	216	217	218	219
220	221	222	223	224	225	226	227	228	229
230	231	232	233	234	235	236	237	238	239
240	241	242	243	244	245	246	247	248	249
250	251	252	253	254	255	256	257	258	259
260	261	262	263	264	265	266	267	268	269
270	271	272	273	274	275	276	277	278	279
280	281	282	283	284	285	286	287	288	289
290	291	292	293	294	295	296	297	298	299

$\sin(\alpha+\beta) = \sin\alpha \cos\beta + \cos\alpha \sin\beta$

　　300以內的快樂數沒有其中一位是5，如果300以內的數其中有一位是5，它一定不是快樂數。

　　發現10×10、100×100等表格的快樂數表格有線對稱。

　　100以內快樂數沒有因數3、6、9等數，如果100以內的數是3的倍數等，它一定不是快樂數。

　　1000以內快樂數沒有因數9、15、18、21等數，如果1000以內的數是9的倍數時，它一定不是快樂數。

　　1000以內快樂數同樣也沒有能被25整除但不能被100整除，如果1000以內的數是25的倍數但不是100的倍數，它一定不是快樂數。

回到謎題

　　3 (A) 81 65 61 37 58 8(B) 14(C)

　　$3^2=9(A)\rightarrow 9^2=81\rightarrow 8^2+1^2=65\rightarrow 6^2+5^2=61\rightarrow 6^2+1^2=37\rightarrow 3^2+7^2=58\rightarrow 5^2+8^2=89(B)\rightarrow 8^2+9^2=145(C)$

　　數學女孩Sharon利用【不快樂數】的循環，謎底是995（救救我），可見她的心中已經非常痛苦，又不知如何求救，魔數師Steven立刻將手機掃瞄QR，輸入995，出現的照片，讓魔數師Steven終於知道數學女孩Sharon的苦惱……

如何測出占卜撲克牌的最終數字

一人許願遊戲，是流傳已久的撲克占卜數。特色在於一人即可自我占卜，而且成功率不高。有人把它拿來許願，成功了代表願望會實現。

在故事中，魔數師Steven讓宏傑自己猜最後留下的數字，是很有數學味的，曾經有老師帶領學生做這個占卜數的科展，我們現在來看看，為什麼留下的數字會是3，如果這個占卜遊戲變成蒐集其它數字，那最後一張牌的數字又會如何變化呢？

因為$40 \div 3 = 13 ... 1$，三張一組，會有十三組，最後剩下一張。

假設撲克牌組合9有a堆、19有b堆、29有c堆，剩一張x

所以$9a + 19b + 29c + x = \frac{(1+10) \times 10}{2} \times 4 = 220$ 【撲克牌的所有點數和】

則 $9(a + b + c) + 10(b + 2c) + x = 220$

因為$a + b + c = 13$

所以$10(b + 2c) + x = 220 - 117 = 103$

$10(b + 2c)$是10的倍數，不會影響個位數。

得$x = 3$ (在成功的情況下，會留下一張3在桌面上)

同理：若遊戲改為蒐集7

假設撲克牌組合7有a堆、17有b堆、27有c堆，剩一張x

所以$7a + 17b + 27c + x = \frac{(1+10) \times 10}{2} \times 4 = 220$ 【撲克牌的所有點數和】

則$7(a + b + c) + 10(b + 2c) + x = 220$

因為$a + b + c = 13$

所以$10(b + 2c) + x = 220 - 91 = 129$

$10(b + 2c)$是10的倍數，不會影響個位數。

得$x = 9$ (在成功的情況下，會留下一張9在桌面上)

從上面發現，假設蒐集的數字為n；$n \times 13$是最重要的變化關鍵。我們只需看尾數，因此只需$10 - (3n \bmod 10)$，就是最後留下的牌之數字。

第8招

心電感數

伯母怎麼了!?

先冷靜聽我說…

學長的母親身體不好,家人不敢讓她知道學長已經過世的消息…

只能騙她學長出國攻讀另一個博士學位…

那…伯母她,相信嗎?

為了增加學長母親的信任,平常我會用LINE和她聊天。但…

最近她開始懷疑,學長為什麼不回國看看她?

昨天她更提了一個和學長經常玩的互動謎題,測試我的真實身分…

如果學長的父親任意抽出五張牌,並從五張中隨意蓋一張,剩下的四張牌,他只要依照學長母親的指示排好,學長的母親拍照LINE給學長,學長就能立刻說出父親挑了什麼牌。

學長的母親也是數學老師,這不僅是數學魔術謎題,更是母子之間的秘密暗語。

我已經把題目PO給一些數學社群的高手,且每晚視訊會議…

我也會把研究報告彙整給妳,才不會浪費時間。

求解!!

Sharon,這是一次可以幫Martin學長的重要機會!

現在與其把自己拴在陰暗的角落,不如做些什麼來讓學長及家人安心的事。對吧?

嗯

你說的對!!

115

咳……我會努力的，請把題目傳給我吧!!

話說回來，原來學長會愛上數學，並展現優異的天份是來自伯母的遺傳啊…

原來如此，呵呵…

大家好，我們繼續討論Martin學長和媽媽的心電感應遊戲吧！
我有一個類似的數學魔術，只是蓋牌的人必須是我，不能讓抽牌的人隨意蓋牌，效果沒那麼強大…

是什麼呢??

Steven你的版本要怎麼做呢?

說明

1. 首先抽五張牌，依據鴿籠原理，必定有兩張花色一樣。

2. 扣除一張蓋住的牌，還剩下四張牌，這四張牌A、B、C、D四個位置由左而右排列。

A牌與蓋住的牌花色一樣，B、C、D這三張以大、中、小方式做組合。

B、C、D三張牌有3!=3×2×1=6種方式，分別是：

大中小=+6	大小中=+5
中大小=+4	中小大=+3
小大中=+2	小中大=+1

以第一張的牌之點數和花色為計算基礎，如果是
♣3♠4♥2♥A，轉換碼就是♣3(大中小)，3+6=9，答案是♣9

♦5♠K♥2♦Q，轉換碼就是♦5(大小中)，5+5=10，答案是♦10

♥5♥K♦K♣K，這種點數一樣的組合，就用花色來標定，大小依花色識別
從小到大是♠♥♣♦(好記1尖2凸3圓4角)，轉換碼就是♥5(小大中)，
 5+2=7，答案是♥7

♠10♦Q♠4♥2，因為我們的運算式只有到6，當♠3和♠10相差7超出限值
，蓋的牌就不能用點數大來做篩選原則，這種型要蓋♠3，轉換碼就是♠10
（大中小），10+6=16≡3（mod13），答案是♠3

第**8**招

聊天時請用YES設問法
聊出真心話人際不卡關

魔數師Steven掃描QR解開的密碼是一張圖。

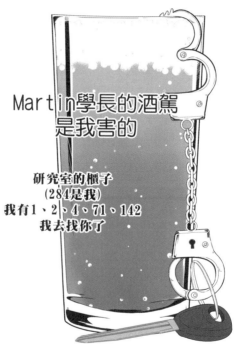

Martin學長的酒駕
是我害的

研究室的櫃子
（284是我）
我有1、2、4、71、142
我去找你了

原來Martin學長酒駕騎車發生意外和數學女孩Sharon有關。這到底是怎麼回事？先不管了，一定要快點趕到數學女孩Sharon研究室，找到下一個線索！

$sin(\alpha + \beta) = sin\alpha\,cos\beta + cos\alpha\,sin\beta$

　　魔數師Steven請紀主任幫自己調課，並向主任道歉，自己因為有很重要的事，所以特別麻煩主任。紀主任也是數學老師，教學經驗非常豐富，平常人緣又特別好，拍胸脯保證會幫魔數師Steven處裡好，自己也會代課上魔數師Steven的班級。貼心的紀主任沒有問魔數師Steven發生什麼事，他知道魔數師Steven不想說；但仍叮嚀魔數師Steven，記得有任何需要，都要打電話給他，並且假期結束後仍以工作為重。畢竟同事只能暫時代理，別影響了自己的生活與工作！

　　道完謝後，魔數師Steven直奔數學女孩Sharon的研究室。用220（詳見P127 Steven的魔數秘訣大公開）密碼打開284的櫃子後，看到數學女孩Sharon留下一個ID？魔數師Steven告訴系上的教授，Sharon教授身體狀況不適，她目前需要安靜獨處。系上的課程僅剩下期末考，懇請系主任協助，博士班的學生也會代為處理期末行政事務。期末成績的上傳工作，Sharon教授會親自結算及完成。目前Sharon教授身體狀況暫時不便大家探視，請在學期假期結束前，不要打擾。因為魔數師Steven和數學女孩Sharon以前就是系上的同班同學，在「那件事」之後，大家更把魔數師Steven當成Sharon教授的男性好友，所有人就聽從魔數師Steven的各項安排，做緊急的調派與協助。

　　魔數師Steven很擔心數學女孩Sharon的狀況。他知道數學女孩Sharon是系主任的得意弟子，在取得系主任的協助與代課同意後，匆匆的道謝並離去！魔數師Steven使用各種通訊軟體尋找ID，終於找到數學女孩Sharon。魔數師Steven怕數學女孩Sharon發生什麼意外，堅持數學女孩Sharon要和自己視訊。憔悴的數學女孩Sharon似乎在某處民宿或飯店的房間……

聖誕夜的遺憾和自責

數學女孩Sharon痛哭得對魔數師Steven說：「我告訴Martin，聖誕夜如果不來，我就和他分手。他和朋友去唱歌喝了許多酒，因為我的要求，才會騎車來學校。沒有人知道是我逼他騎車趕來學校的，我也不敢說；直到最近，我的夢裡出現車禍的場景，我不由自主列印網路上的車禍照片，我才意識到，Martin真的是我害死的，嗚嗚嗚～」

魔數師Steven沒有回應數學女孩Sharon，他使用魔術語言的驚訝誘導，擾亂原來的溝通核心，開口就說：「圓周率第325~327位就是520，我愛你。這世界上有一個人很愛很愛妳！在妳逃避或是面對之前，我想告訴妳，我會陪妳。如果妳是284，我願意當妳的220。」

魔數師Steven：「妳應該知道圓周率第325~327位就是520對吧？」

數學女孩Sharon：「是。」

魔數師Steven：「所以妳知道我喜歡妳對吧？」

數學女孩Sharon：「對。」

魔數師Steven：「妳也不討厭我吧？」

數學女孩Sharon：「嗯。」

魔數師Steven使用的叫做YES設問法。當對方連續快速回答YES之後，會很難說出NO的心理控制術，因為魔數師Steven必須確定

數學女孩Sharon心理上的平靜，避免一年多前Martin學長在聖誕夜發生的事情，成為她轉不出去的死胡同。（這個技術在神經語言學中，廣泛被應用，特別是專業的業務主管，基本上都受過這類訓練。）

魔數師Steven：「學校的事系主任都幫妳安排好了，但是我直接替妳回應，期末考的成績上傳妳會負責，我知道妳是一個負責任的老師，這件事妳應該自己完成吧？」

數學女孩Sharon：「嗯。」

確保了數學女孩Sharon的情緒控制後，再做理性溝通，並請她承諾未來的相關作業，做出什麼傻事的機率就會降低許多了。

善解人意的偽裝者

魔數師Steven：「另外有件事我遇到麻煩，需要妳的智慧協助我。我解不開密碼……是關於Martin學長的母親。」

數學女孩Sharon：「啊！伯母怎麼了？」

魔數師Steven使用側擊心理控制，必須將Martin的關聯銜接，但是主軸不在Martin身上，數學女孩Sharon在心情上已經完全被魔數師Steven的心理控制術制約了。

魔數師Steven：「Martin學長母親身體狀況妳知道的，現正住在醫院的重症病房。家人不敢告訴她Martin學長的事，我們騙她Martin學長出國攻讀另一個博士學位，能瞞多久就撐多久。平常我

都使用一個LINE帳號和學長母親聊天。我託我的好友乘乘，請在國外的電影專業的朋友，幫我找人扮成Martin學長到處拍照。照片是滿逼真的，我的答話或回應也會傳給Martin學長的姊姊和父親看；但是最近不知怎麼的，Martin學長的母親有點懷疑，質疑Martin怎麼不回國看看她？原本不想讓妳想起傷心往事，現在不得不面對現實向妳求救。這週可以用工作及論文搪塞一下，但是下週解不出來，學長的母親一定知道我是假的。這個謎題可不像妳考我的那麼簡單，妳先幫忙想想。」

超神奇的心電感應

魔數師Steven很嚴肅正經的說：「我已經把題目PO給一些數學社群高手，每晚我們視訊會議。妳提出妳的分析進度，我把我的研究報告彙整給妳，才不會浪費時間。別人試過的方向我們可以不要再嘗試，麻煩妳了。這也是妳可以幫Martin學長的重要機會，與其把自己栓在陰暗的角落，不如做些什麼來讓Martin學長及家人安心的事。對吧！」

數學女孩Sharon的眼神和答話的態度已恢復成數學女神的氣宇：「我會努力的，把題目傳給我。」

魔數師Steven知道這樣做確實暫時控制了數學女孩Sharon的精神狀況，但是仍必須在她解答之前找到她才行。

魔數師Steven說：「現在困擾大家的題目是這樣的，Martin的母親和Martin有個秘密暗語，他的母親也是數學老師，這也是

Martin學長愛上數學並展現天份的重要原因。

　　Martin的家人說，只要任意抽出五張牌，觀眾從這五張任意挑一張蓋住，剩下四張牌依照Martin母親的指示排列排好，拍照給Martin，Martin就能立刻說出觀眾挑了什麼牌。Martin的母親總喜歡炫耀自己和Martin學長有心電感應，連Martin的父親和姊姊都不知道秘密。據說是他們母子倆是在Martin高中時期想出來的遊戲，他們父女倆甚至有些吃醋呢！現在，大家百思不得其解，而且沒有對照的樣本，即使有想法，也不敢貿然行事，因為只要一錯，Martin的母親就會發現和她用LINE通訊的不是Martin。」

　　魔數師Steven說完題目沒有逗留，立刻告訴數學女孩Sharon明天見。一方面魔數師Steven不想告訴數學女孩Sharon太多關於Martin家裡目前的狀況；一方面他必須想辦法，快點找到數學女孩Sharon才行。

　　魔數師Steven做不到Martin母子的效果。魔數師Steven只能做到，觀眾任意抽出五張牌，然後魔數師Steven蓋住一張牌，之後排列其它四張牌，魔數師Steven的助手就可以推理出該牌為何？

　　但是魔數師Steven根本不會教數學女孩Sharon如何做到，因為他必須讓數學女孩Sharon多花時間專注於解謎，別再讓心情受到憂鬱的負面影響。

心電感數變法大解密

心電感數五張牌破解版

五張牌（需由魔數師蓋牌）版本

方法：

❶ 觀眾抽五張牌。

❷ 依據鴿籠原理，必定有兩張花色一樣。

❸ 扣除一張蓋住的牌（剩下四張）。

❹ ABCD四個位置的排列如下（由左而右）

（A與蓋住的牌花色一樣）、（其餘三張B、C、D以大中小方式做組合）

❺ 三張牌有3!=3×2×1=6種方式

❻ 大中小=+6，大小中=+5

中大小=+4，中小大=+3

小大中=+2，小中大=+1

❼ 第一張的牌之點數和花色為計算基礎，以下範例練習：

♣3 ♠4 ♥2 ♥A

轉換碼就是♣3（大中小），3+6=9，答案是 ♣9

♦5 ♠K ♥2 ♦Q

轉換碼就是♦5（大小中），5+5=10，答案是 ♦10

♥5 ♥K ♦K ♣K

這種點數一樣的組合，就用花色來標定，大小依花色識別，從小到大是

♠1 ♥2 ♣3 ♦4（好記1尖2凸3圓4角）

轉換碼就是♥5（小大中），5+2=7，答案是 ♥7

♠10 ♦Q ♠4 ♥2

因為我們的運算式只到6，當 ♠3和 ♠10相差7超出限值，蓋的牌就不能用點數大來做篩選原則，這種型要蓋 ♠3

轉換碼就是 ♠10（大中小），10+6=16≡3 (mod 13)，答案是 ♠3

以下照片為示範情形，只要有夥伴一起學習這個密碼，就能用LINE發照片，請對方心電感應來回答，觀眾一定會覺得你們有密碼暗號，卻又看不出來，如下圖照片所示：

Sin (α＋β) = sinα cosβ ± cosα sinβ

這個心電感應完全利用數學做到，沒有任何手法痕跡，是一個非常棒的數學魔術，把它教給你的兄弟、閨蜜，一定會羨煞旁人，有這麼好的心電感應知己！

超級尋人任務

　　魔數師Steven回到家裡後，立刻麻煩乘乘幫他看看視訊側拍的場景，看看乘乘是否有機會找出數學女孩Sharon的住宿地點。

　　魔數師Steven也把通訊軟體裡，數學女孩Sharon的名字和頭貼給除爸，拜託除爸的業務團隊，使用軟體中「附近的人」這個功能，只要出現這個頭貼，麻煩記錄下這個頭貼的公里數，與使用手機人的位置。小加自告奮勇說，她可以發給可信任的攝影師朋友，大家全國採訪走透透，可以幫上一點忙。

　　阿減說：「Steven，如果你方便的話，下次可以用側錄錄下你們的對話，我可以使用軟體去除主要音軌，找到背景音，也許可以有些線索。」

　　乘乘說：「如果有她的平板或筆電，而且有設定該功能的話，我可以使用定位方式搜尋她的手機，或是……你要不要報警，直接找她手機位置？」

　　魔數師Steven：「沒那麼嚴重啦！謝謝大家意見和協助，目前我們就先這樣處理，她現在的心情我暫時控制下來，也不宜有太大的動作，以免影響她的教授工作或是大家對她的看法，我相信我可以找到她，並協助她走出傷痛的。麻煩各位了！」

　　大家安慰魔數師Steven，並表達必定全力協助魔數師Steven，魔數師Steven道過謝後，回到家裡繼續想著Martin學長母子的數學密碼……

Steven的魔數秘訣大公開

關於親和數、心電感數

親和數

為什麼密碼220，數學女孩Sharon的提示叫做親和數。

220的全部因數（除掉本身）相加的和是：1+2+4+5+10+11+20+22+44+55+110
=284

284的全部因數（除掉本身）相加的是：1+2+4+71+142=220

是一對你中有我，我中有你的數字，數學人比較少用520這麼直白的數字，使用284、220即為美麗的情感表達。

相親數（Amicable Pair），又稱親和數、友愛數、友好數，指兩個正整數中，彼此的全部因數之和（本身除外）與另一方相等。畢達哥拉斯曾說：「朋友是你靈魂的倩影，要像220與284一樣親密。」

在舊約聖經《創世紀篇》第三十二章寫道：「當夜，雅各在那裡住宿，就從他所有的物中拿禮物要送他哥哥以掃，山羊二百隻、公山羊二十隻、母綿羊二百隻、公綿羊二十隻……」雅各給他哥哥以掃山羊220隻、綿羊220隻，雅各選擇220表達了對哥哥的摯愛。

西元1984年英國倫敦Viking出版了Martin Gardner所著《Mathematical Magic Show》一書，書中提到220與284在中世紀的占星術鑄件與護身符扮演增進情誼的角色。

《Mathematical Magic Show》中記載一個親和數趣談，收錄了11世紀一位阿拉伯人對於220與284是否真有催情功效的試驗，這位阿拉伯人找了一批人吃下有標示220的食物，而另一批人則吃下有標示284的食物，結果當然是……無效！

320年左右，古希臘畢達哥拉斯發現的220與284，是人類發現的第一對相親數。

約850年，阿拉伯數學家塔別脫・本・科拉，就發現了相親數公式，後來稱為塔別脫・本・科拉法則。

1636年，費馬發現了另一對相親數：17296和18416。

1638年，笛卡兒也發現了一對相親數：9363584和9437056。

歐拉也研究過相親數這個課題。1750年，他一口氣向公眾拋出了60對相親數：2620和2924，5020和5564，6232和6368……從而引起了轟動。

1866年，年方16歲的義大利青年巴格尼尼發現1184與1210是僅僅比220與284稍微大一些的第二對相親數。

下頁繼續

第八招

目前，人們已找到了12,000,000多對相親數；但相親數是否有無窮多對，相親數的兩個數是否都同是奇數，或同是偶數，而沒有一奇一偶等，這些問題還有待繼續探索。

心電感數三張牌破解版
方法：
觀眾說出自己心中想的一張牌，然後從牌堆任意取三張牌。

魔數師把三張牌反插回去

牌放牌盒內交給觀眾

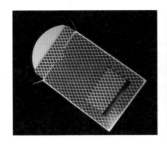

觀眾拿牌找到魔數師指定的助手，助手只要一打開牌，看完反插的三張牌後，就能知道觀眾心裡想的牌。

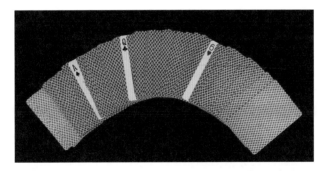

依照上面範例，我們來看看如何知道。

花色

利用牌盒兩側的牌耳作二進位編碼。牌耳壓下去為0，沒壓下去為1，00黑桃、01梅花、11紅心、10方塊。如圖示，為紅心。

取牌出牌盒時，看到正面為＋，背面為－

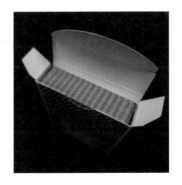

下頁繼續

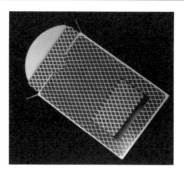

如圖示為 −（減）

等一下計算使用減法

計算基準為7

加減的值如【五張版】說明，7這個數字加6、減6恰為撲克牌極大值、極小值。三張牌有6種方式

3!＝3×2×1＝6

　大中小＝6，大小中＝5

　中大小＝4，中小大＝3

　小大中＝2，小中大＝1

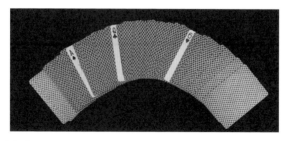

由左而右，小大中 ＝2

7 − 2 = 5（得到這個答案）

答案是紅心5

備註：如果恰好數字7，就不把牌翻成不同面，助手拿到就會知道是7。

各位看到這裡是不是理解了三張牌的排列數有6種密碼，Martin母子為何不需要牌盒，五張牌可任選一張蓋住，使用照片沒有牌盒當作線索，到底是怎麼作到的？你是不是也想一想呢？也許你有更出色的想法！

$\sin(\alpha + \beta) = \sin\alpha\cos\beta + \cos\alpha\sin\beta$

第 9 招

八卦測字

Steven老師,我已經完成你交代的自我占卜了。

還推理得到最後必留下3這個點數。

喔～那你知道換成蒐集6、7、8…等的其它數字,最後留下的是什麼點數的牌嗎?

我知道!只要把蒐集的點數乘以3,然後用10去減這個積的個位數。

例如蒐集6,6×3=18,10-8=2,就表示最後一定會留下2這個點數。

不錯喔,午休時來辦公室找我吧!我幫你卜卦…

YA～謝謝老師!!!

Steven老師,我來了。

我們先來把卜卦的工具做好。
把這兩張A4紙裁成兩張正方形…

把這兩個正方形，再剪裁成正八邊形。
一張寫上王、汪、半、求、正、米、未、斗等八個字；另外一張挖好四個洞，就完成了卜卦的基本工具。

王　汪
斗　　　半
未　　　求
米　　正

宏傑，我把這兩張八卦圖都交給你，請任選一個字記在心裡，然後把挖洞的八卦圖疊合在八個字的八卦圖上…

王
未
正　求

…沒有耶

兩張紙疊好之後，有看到你心裡想的字嗎？

三爻為一卦，我們先來看第一爻。
如果你沒有看到字，代表的就是陰爻。
我們把剛剛A4紙剩餘的部分，撕成細長的槓，當作八卦的陰陽爻。

那我們繼續，接下來將挖洞的八卦圖順時針轉90度。
現在有看到你心裡想的字嗎？

有了！

有看到，代表的是陽爻。
不撕一半，直接放上去。

我們來做最後一爻。

再把挖洞的八卦圖順時針轉90度，這一次有看到心裡想的字嗎？

…有，我有看到！

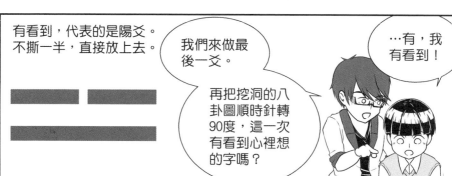

有看到，代表陽爻。
我們已經完成了三爻，可以開始解卦了。

你卜出來的卦象叫做【兌】卦，自然界對應為澤，也就是雨！這裡有兩個面向，淚如雨下可能是你最近的心情…

但此時卜卦，加上老師的魔法棒，會出現轉機的字！

是什麼字呢？

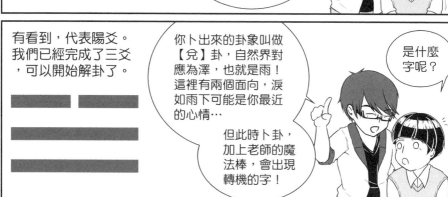

我們把陰爻稍作轉動，加上一個直槓，形成一個半字。
你心裡想的字，是半吧！

喔喔真的耶!!
太神奇了…

半，現在缺個人，形成【伴】。你現在擔心安置的問題，如果把你送到寄養家庭，就不能留在父母給你的家裡面…

叔叔也很疼你，是你唯一的親人，但是他工作不穩定，必須四處跑，你在憂心這件事對吧？

老師有個朋友，現在是很厲害的業務經理，交友廣闊，正想創業又缺人手…

老師把叔叔介紹給他，希望可以穩定在這工作，也有能力扶養你，你覺得如何？

……

非常謝謝你!!Steven老師…

第**9**招

別讓眼前的壞事
趕走未來的好事

魔數師Steven回到學校上課，特別關注了學生宏傑。宏傑告訴魔數師Steven：「老師，我不只成功了，還推理得到這樣的玩法必留下3這個點數。」

魔數師Steven：「那你知道換成蒐集6、7、8……等的其它的數字，留下的是多少嗎？」

宏傑：「我昨天成功後就立刻告訴簡老師，簡老師也提出這個問題給我耶！」

魔數師Steven看著宏傑的笑容與發亮的眼睛問道：「那你解出來了嗎？」

宏傑興奮的說：「我解出來了！我解出來了！只要把老師要我蒐集的點數乘以3，然後用10去減這個積的個位數。例如：蒐集6，$6 \times 3 = 18$，$10 - 8 = 2$，蒐集6會留下2；蒐集$7 \times 3 = 21$，$10 - 1 = 9$，蒐集7會留下9；蒐集8，8，$8 \times 3 = 24$，$10 - 4 = 6$，蒐集8會留下6。」

魔數師Steven：「哇，你太棒了！等等把你的算式寫給老師，讓簡老師和我炫耀驕傲一下，中午用餐完午休來辦公室找我，老師幫你卜卦。我會先向簡老師知會，你也要先向簡老師報告一下，知道嗎？」

宏傑開心的說：「好，謝謝老師。」

$\sin(\alpha + \beta) = \sin\alpha\cos\beta \pm \cos\alpha\sin\beta$

從卦象找方向

魔數師Steven中午拿出兩張A4紙，很快的撕成兩張正方形，又將正方形很快的撕成正八邊形，一張寫上八個字，一張挖好四個洞，不到兩分鐘，卜卦的工具已經完備。

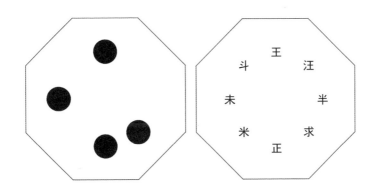

魔數師Steven將八個字的八卦圖給宏傑，要宏傑在上面任選一個字記在心裡；然後把挖洞的八卦圖疊合在八個字的八卦圖上，問宏傑有沒有看到他想的字？

宏傑：「沒有。」

魔數師Steven邊解釋，邊把剛剛A4紙剩餘的部分，撕成細長的槓當作八卦的陰陽爻：「三爻為一卦，沒有代表陰爻。」

魔數師Steven將挖洞的八卦圖順時針轉90度，問宏傑：「有看到你心裡想的字嗎？」

宏傑：「有。」

魔數師Steven：「有代表陽爻，不撕一半，直接放上去。」

魔數師Steven再將挖洞的八卦圖順時針轉90度，問宏傑：「有看到你心裡想的字嗎？」

宏傑：「有。」

魔數師Steven：「有代表陽爻。」

當三次問完後，恰為三爻一卦。魔數師Steven說：「這個卦象叫做【兌】卦，自然界對應為澤，也就是雨。這裡有兩個面向，淚如雨下可能是你最近的心情，但此時卜卦，加上老師的魔法棒，會出現轉機的字！」

只見魔數師Steven把陰爻稍作轉動，加上一個直槓，形成一個半字。

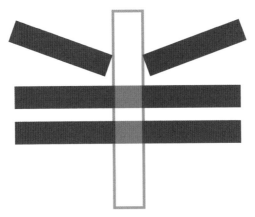

魔數師Steven：「你心裡想的字，是半吧！」

宏傑：「老師，這太神奇了！您好厲害啊！」

魔數師Steven：「半，現在缺個人，形成伴！你現在擔心安置的問題，如果把你送到寄養家庭，就不能留在父母給你的家裡面。叔叔也很疼你，是你唯一的親人；但是他工作不穩定，必須四處跑，你在憂心這件事對吧？」

宏傑含著眼淚點頭，魔數師Steven心疼的抱住他說：「老師有個很厲害的朋友，現在是很棒的業務經理，交友廣闊，正想創業又缺人手。老師把叔叔介紹給他，希望可以穩定在這工作，也有能力扶養你，你覺得如何？」

宏傑握著那八卦紙，用力的抱住魔數師Steven，直到簡老師拿衛生紙替他拭淚，他才回復情緒，向兩位老師道謝後，微笑的像是獲得無限希望一樣，大步的走回教室。

魔數師Steven和大夥一起慶祝除爸不只升職當上業務經理，王董更開另一家子公司要除爸當股東，王董親自向除爸公司郭老闆說明，且王董是郭老闆公司最大的客戶，親自說明合作模式並保證業務不衝突，除爸現在不只是業務經理，也是個小老闆了。魔數師Steven向除爸說明宏傑的情形，除爸一口答應，魔數師Steven也表達宏傑的叔叔他沒看過，就看除爸面試如何，不要勉強，除爸回魔數師Steven：「老師，您是我的貴人，現在業界一直流傳我撕名片的故事，我都幽默的教大家變魔術，才讓許多好機會和大訂單降臨在我身上，您別客氣！只要品德沒有問題，願意從頭學起，我不看學歷、不看經驗，包在我身上！」

大夥舉杯後，心繫數學女孩Sharon的魔數師Steven向大家道別後離開。

八卦測字變法大解密

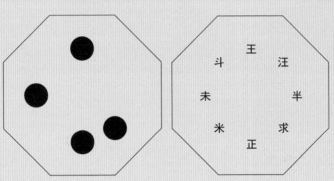

斗　王　汪
未　　　半
米　　　求
　　正

1. 列印後撕下，圓圈區挖洞。

2. 可準備牙籤、火柴、長條紙，當作陰陽爻。

3. 從圖示的方式開始將挖洞的八卦擺上去。

4. 問觀眾有沒有心裡想的字。

5. 順時針轉90度，共問三次，得到三爻一卦。

6. 最後把直槓擺上去，就可以得到一個字。

7. 特殊說明：「斗、求」兩字，斗在直槓（魔法棒）擺上去時，把右上角兩點撥掉；
　　求會感覺右上角少一點，可以用手指在右上角處，或把挖洞的圓點補上去。

8. 以下為一般性的心理測驗勵志說明，可拍照存於手機，幫朋友作即時占卜。

未：

土之首，木之尾，順風順水，貴人資源旺

忌虎頭蛇尾，強弩之末則無力回天

斗：

第二象限，為負正之相

先苦後甘，撥雲見月

忌眼高手低，身抖於寒冬，龍困淺灘難入深海

下頁繼續

王：
如日氣勢，運旺名旺；財暫不旺
忌心茫如月之圓缺，恐為期望與失望

汪：
財源廣進，領導魅力無窮，注入新活力與資源
忌得志不讓利，恐遭忌或霉運發生

半：
德高望重，邏輯清楚，判斷事務精準，近期的決定都是最好的決定，並且備受擁戴及依賴
忌私心失衡，恐為苦牛，注意控制情緒得理饒人

求：
以順處逆、以理化情；老天爺給個危機的轉機
忌故步自封、自怨自艾，「囚」人不如「球」己

正：
左右逢源，心寬體健，與人有誤會也能盡釋前嫌，成為好的善緣助力
忌有心無力不知感恩，沒有基礎則每況愈下，沒有庇蔭則萬事皆止

米：
八方開運、豐衣足食，耀眼如星、風生水起
忌極統大局，容易遭迷惑，終為糟字收場

$\sin(\alpha + \beta) = \sin\alpha \cos\beta + \cos\alpha \sin\beta$

魔數師和數學女孩的連線討論

　　魔數師Steven與數學女孩Sharon連接視訊，數學女孩Sharon看起來很正常，氣色也很好，魔數師Steven：「有沒有吃飯，有什麼特別好吃的東西嗎？」這句話表面上看起來是問候，其實魔數師Steven想從食物知道她在哪個地區。

　　數學女孩Sharon：「我沒什麼出去走，都在民宿吃飯或附近喝咖啡，整天在想那個問題。我已經有些想法，可以和你討論一下。」

　　數學女孩Sharon秀出她的分析：

　　取四張牌的可能性是C(52,4) = 270725種，我們無法控制觀眾取牌的種類；因此無法以絕對數值來進行編碼，使用的方式應該是相對數值。四張牌若以相對大小排出序位1234，可以有4!=24種編碼

1234=1	2134=7	3124=K	4123
1243=2	2143=8	3142=大鬼	4132
1324=3	2314=9	3214=小鬼	4213
1342=4	2341=10	3241	4231
1423=5	2413=J	3412	4312
1432=6	2431=Q	3421	4321

　　我們可以知道點數有13種，13碼已經足夠，可是就少了花色。由於是觀眾依照Martin媽媽的要求擺好順序拍照，表演者根本沒碰到牌，怎麼可能有其它的暗示？這是我目前的瓶頸，我只能設計出

知道點數的編碼。

魔數師Steven認為依照數學女孩Sharon的方式（原方式不採記大鬼、小鬼），後面11組編碼多餘了。當數學女孩Sharon問魔數師Steven的想法時，魔數師Steven告訴數學女孩Sharon：「還不到緊要關頭，我先不把我的想法向妳說明，以免影響妳的天才思路，等明後天大家都沒有進展，我再報告最新進度。目前我們的共通點是用相對數值編碼，我可以做到知道花色和點數，但必須是表演者挑蓋住牌，與Martin學長的方法尚有差距；另外，我也已經麻煩Martin的父親，找找以前他們母子倆的對話記錄拍照給我，讓我們在一些正式的樣本下進行推論，以免有所遺漏。」

數學女孩Sharon像是平時一樣的正常，絲毫沒有憂鬱的傾向或之前歇斯底里的樣子，就像一個學者找尋知識的寶藏一樣，享受思考的樂趣。也許魔數師Steven的心理控制奏效，讓數學女孩Sharon覺得自己為Martin學長做點事情，是有成就感的，心靈也獲得撫慰。

魔數師Steven側錄下他們的對話，等明天請阿減進行背景音強化，確認周遭的環境，今天看到數學女孩Sharon沒事，魔數師Steven放心的告訴她：「晚安，我今天有點累了！我們明天見。」

數學女孩Sharon第一次有種捨不得下線的感覺，平常都是自己先說晚安的，今天有點失落的感覺，但還是勉強擠出一句晚安，也許是平常太理所當然，所以不珍惜，今天反而有點不捨魔數師Steven下線。

其實，數學女孩Sharon不知道，魔數師Steven已經在上網分析並找資料，民宿旁有特別咖啡的區域，所有的心思完全掛念在數學女孩Sharon身上‥說起不捨，魔數師Steven才是那個不捨下線的人呢！

$\sin(\alpha + \beta) = \sin\alpha\cos\beta + \cos\alpha\sin\beta$

Steven的魔數秘訣大公開

關於二進位

使用二進位，依據【字形】把八個字轉換成二進位數字（如下表）。橫線筆畫有斷開為陰爻，設為0；橫線筆畫未斷開為陽爻，設為1。每爻有陰陽兩種形式，因此有$2^3=8$種組合，問卦三次可以辨識8個字。

心電感數五張牌破解版

	4	2	1	字
0	0	0	0	汪
1	0	0	1	斗
2	0	1	0	米
3	0	1	1	半
4	1	0	0	求
5	1	0	1	正
6	1	1	0	未
7	1	1	1	王

000=汪；001=斗；010=米；011=半；100=求；101=正；110=未；111=王

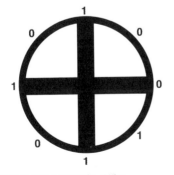

挖洞的位置為可顯示處，視為1

順時針旋轉2次的變化如下圖，每個字恰好依據自己的編碼出現

下頁繼續

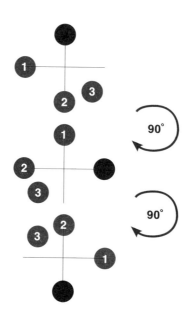

左側欄位：$\sin(\alpha \pm \beta) = \sin\alpha\cos\beta \pm \cos\alpha\sin\beta$

從十進位看二進位分析
假設我們要拿168元

百位 $10^2=100$	十位 $10^1=10$	個位 $10^0=1$
100元	10元	1元
1	6	8

在方便拿取剛好的數值，使用最少的銅板數，我們會拿1個100、6個10、8個1；假設有一個外星球不是十進位而是二進位，想拿5元要怎麼拿？

第三位 $2^2=4$	第二位 $2^1=2$	第一位 $2^0=1$
4元	2元	1元
1	0	1

是的，從最大的開始拿，避免超出位數，這就是進位的基本原理；另外也可利用連續除以2的方式，快速進行二進位的轉換。

$$
\begin{array}{r|l}
2 & 5 \\
2 & 2 \ldots 1 \\
& 1 \ldots 0
\end{array}
$$

$$5=(101)_2$$

在八個字各自有自己的二進位編碼後，每次問卦的結果就是告訴我們0或1的選擇，特別這些國字的字形恰為二進位陰陽爻的造型，完全不需記憶背誦，就能快速解出這些字。

大家學會了嗎？

下頁繼續

這不是超能力
但能操控人心

Note

快快快寫下魔
數筆記！

第 **10** 招

讀心數

這個嗎…小加，請心中想一個二位數，把這個數乘以67，再告訴我乘積的末2碼是多少？

嗯我算算…是12

好…

我剛剛腦中浮現出這些數字，有你心裡想的數字嗎？

16	01	12	07
11	08	15	02
05	10	03	18
04	17	06	09

呃～沒有耶…我剛剛想的數字是36…

真可惜…

妳注意到了嗎?不論是直、橫、斜、或四個一組、四個角落、中心四個的框選，數字加起來的和皆是36！

真的假的？我算算看…

小加專屬加法讀心術，成功～

咦??這是怎麼回事!?

我們以小加剛剛完成的專屬加法讀心術為例，小加依照指示算完的末2碼是12，只要乘以3，12×3＝36，36就是小加一開始心中想的二位數了。

而這個魔術最關鍵的地方就是要學會寫「16格魔數陣」

什麼是16格魔數陣？

只要先算出佈陣的關鍵數字，接著再根據口訣開始依序填入16格魔數陣。口訣如下：
順時針上下上下，
逆時針上下上下，
順時針上下下上，
逆時針下上下上。
依序填入16格魔數陣。

說明

根據口訣，1、2、3、4依照著順時針上下上下的方式填寫。

		1(上)	
			2(下)
		3(上)	
4(下)			

說明

再根據第二句口訣，5、6、7、8依逆時針上下上下填入。

	01		7(上)
	8(下)		02
5(上)		03	
04		6(下)	

	01	12(上)	07
11(下)	08		02
05	10(上)	03	
04		06	9(下)

16	01	12	07
11	08	15	02
05	10	03	18
04	17	06	09

直、橫、斜、或四個一組、四個角落、中心四個的框選，數字加起來的和皆是36的完美16格魔數陣。

16	01	12	07
11	08	15	02
05	10	03	18
04	17	06	09

153

第 10 招

所有的美好都不會因你留下
是因你的留心就能見到美好

小加的電視公司有台慶活動，一些重點記者、主播被主管要求上綜藝節目表演。小加長相甜美、新聞題材報導專業又有內涵，她的粉絲群越來越多；即使講話吃螺絲，粉絲們也覺得她可愛，是非常有觀眾緣的明日之星。現在有機會上節目表演，讓觀眾看到主播、記者們的另外一面，新聞台的臉書專頁已經被瘋狂留言，大家很期待美女、帥哥不一樣的才華。

小加：「多數同仁都是勁歌熱舞，我不喜歡扭腰擺臀的，怎麼辦！怎麼辦啦！嗨喲！」

阿減：「其實你吃螺絲都很可愛，我們打開電視看到妳就滿足了。」

阿減的話逗得小加拿起抱枕遮臉，大叫：「我不要！」

乘乘：「我教妳肚皮舞，讓妳性感一下，姐姐我很厲害喔！」

除爸幫腔：「對啊對啊，乘乘肚皮舞可美了，那個扭臀力道、優雅姿態，就是仙……」

除爸意識到乘乘瞪著他，大家也一臉疑惑的看著他，魔數師Steven、小加、阿減三人心裡嘀咕著，什麼時候乘乘跳過肚皮舞，為什麼只有除爸看過呢？

$\sin (\alpha + \beta) = \sin \alpha \cos \beta + \cos \alpha \sin \beta$

除爸被大家的眼神及乘乘的殺氣盯得有點尷尬，用傻笑來帶過這段話題，馬上轉移焦點並用眼神向魔數師Steven求救說：「其實應該找Steven學學神奇的魔術，那個效果才會特別強大。是不是啊！是不是啊！呵呵！」

　　魔數師Steven很促狹的說：「可是我們比較想知道，乘乘的肚皮舞是怎麼回事。為什麼只有你看過，有體諒過我們其他人的心情嗎！」

　　平時不可一世的乘乘，從來沒有臉紅的跟關公一樣，連忙說道：「那那那是剛開始學的，想找個人看，就剛好那天回來練習時，舞衣還穿著，除爸給我送午餐，我就表演一段，是剛好嘛！下次再表演給大家看吧！」

　　阿減故意模仿乘乘的口吃：「那那那還真剛好，好羨慕除爸喔！兩人好有情調唭！我也想看！」

　　除爸用拳頭敲阿減的頭，擺出護花使者的姿態說：「看什麼看，那不是給你看的，只有我和小加能看。」

　　乘乘臉更紅了，小加追問：「為什麼？」

　　除爸：「這…阿…那個…就是我們兩個最常幫乘乘準備午餐，我覺得這種福利應該給用心的人，獎勵不是人人可以有的。」

　　阿減最近改變非常大，和人互動相處變得自信有趣，繼續逗著除爸對乘乘說：「乘乘姐，你的除除哥打我的頭，我明天要請假休養，午餐我幫您準備，我來陪姐姐。」乘乘的臉現在應該不只是用紅來形容，而是燙的！

　　小加摀著嘴笑看逗趣的大家，用抱枕敲了阿減的頭說：「那輪

第十招

得到你！」

　　頓時小加的心情輕鬆不少，魔數師Steven看著除爸和乘乘，接腔道：「那該輪到我了吧？乘乘我幫妳送午餐，我也要除爸那個福利。」

　　除爸像小孩一樣的癟嘴說：「Steven，怎麼你也這樣啦！」

　　魔數師Steven哈哈大笑說：「好啦好啦！這種福利是除爸專屬的，但是下次我期待乘乘秀一段風姿綽約的舞蹈，我們其他人才不會不平衡。」

　　乘乘故作正經的說：「好，有機會、有機會。」但是一直和除爸眉來眼去，我們旁人也解讀不了他們的語言，小加趁此機會提出，請魔數師Steven教她一個魔術，讓她在電視台出類拔萃，展現獨一無二的才藝。

神奇的讀心數字

　　魔數師Steven拿起桌上的紙和筆，請小加想一個二位數，然後將數字乘以67，再把乘積的末2碼告訴自己，小加說：「12。」

　　魔數師Steven開始在紙上動筆，不到10秒，寫完一堆數字。

　　魔數師Steven把紙上的表格給小加看，說道：「我剛剛腦中浮現出這些數字，有妳心裡想的數字嗎？」

16	1	12	7
11	8	15	2
5	10	3	18
4	17	6	9

小加：「呃，沒有耶！」

魔數師Steven：「那妳想的數字是多少？」

小加擔心造成魔數師Steven的失敗，不好意思地說道：「36。」

魔數師Steven微笑：「妳注意到了嗎？不論是直、橫、斜、或四個一組、四個角落、中心四個的框選，數字加起來的和皆是36。小加的專屬加法讀心數，成功！」

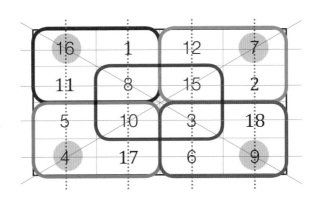

大家無不張嘴驚訝，讚嘆魔數師Steven這神奇的讀心數，紛紛要求魔數師Steven教大家。

讀心數變法大解密

魔數佈陣法

1.知道觀眾心裡想的數字

把觀眾告訴你的末兩位乘以3,如小加為12,12×3 = 36,則答案為36

2.學會寫16格魔數陣

第一種寫法(依照順序寫好)

1	2	3	4
5	6	7	8
9	10	11	12
13	14	15	16

外方對角線交換,內方對角線交換

16	2	3	13
5	11	10	8
9	7	6	12
4	14	15	1

這樣就會形成16格的魔數陣,和為34。

讀心數——所有的美好都不會因你留下　是因你的留心就能見到美好

第二種寫法

14	1	12	7
11	8	13	2
5	10	3	16
4	15	6	9

【A形態】
需記住5、4，1、8，3、6，7、2，下上下上的次序填寫，9從右下角往左上跨列，寫到12後由12的下方寫13，從左上跨列寫到16。

【B形態】
口訣，順時針上下上下，逆時針上下上下，順時針下上下上，逆時針下上下上。

	1(上)		
			2(下)
		3(上)	
4(下)			

	1		7(上)
	8(下)		2
5(上)		3	
4		6(下)	

第十招

下頁繼續

$AB+1$	1	12(上)	7
11(下)	8	AB	2
5	10(上)	3	$AB+3$
4	$AB+2$	6	9(下)

表演前先把表格填到這個狀態，我們看第二列總數已達21，所以……

當知道觀眾的數字為XY（二位數）時，就把$XY-21=AB$，AB就是我們要填入空格的數，如果把A形態與B形態結合，記得從9開始往左上方爬，寫出16格魔數陣就是非常簡單的事了。

找到解題的新線索

大夥學完讀心數後，開心的練習。

魔數師Steven將除爸拉到一旁，拜託他務必請同仁或朋友用通訊軟體「附近的人」這個功能，加強尋找數學女孩Sharon。除爸說沒有問題，而且除爸提到，要求同仁停車下車定點記錄，是公司每天的基本回報工作，這樣也掌握了業務的行車時間和動向，對團隊管理有幫助，是一舉兩得的事，更何況是魔數師Steven的事，除爸表示絕對不敢怠慢，除爸安慰魔數師Steven別急，一週後業務就跑遍全台灣，一定會有消息。

魔數師Steven回到房間後視訊數學女孩Sharon。

$\sin(\alpha+\beta)=\sin\alpha\cos\beta+\cos\alpha\sin\beta$

數學女孩Sharon秀出她的分析：

取三張牌的可能性比較大。

三張牌若以相對大小排出序位123，可以有3! = 6種編碼

123(1)、132(2)、213(3)、231(4)、312(5)、321(6)

依照三張紙牌大小順序，可以有6種組合。

下圖標示撲克牌的數字狀態

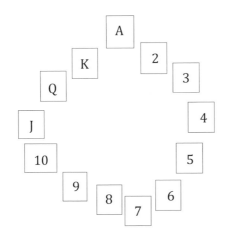

　　每一張牌和其它的牌差距不會超過6。如果我們可以用四張牌來表示，第一張當作起始數碼，後面三張進行大中小數序編排，就可簡潔快速的知道點數了。但是我仍卡在花色怎麼對應。

　　魔數師Steven向數學女孩Sharon說：「我也沒解出來，但是我有一個方法和妳的發現類似，我用7來當標記點，以±6的方式來找出數字，這個方法提供給妳參考。對了，妳打算什麼時候回台中？」

數學女孩Sharon：「不知道耶！我在這滿悠閒的，解謎這件事需要清靜，這裡倒是不錯的地方。我可能再待一陣子吧！有什麼事嗎？」

魔數師Steven小心翼翼地避免數學女孩Sharon感到壓力：「沒事，本來想說妳要回來，可以幫我買個當地特別的伴手禮給我的鄰居好友，沒關係，妳多玩幾天，我再找其它東西。另外我把幾個照片檔案傳給妳，這是Martin的母親之前用Martin父親手機玩這魔數的記錄，我剛剛收到，只有三個，我們必須小心推敲，這三個範例對我們來說彌足珍貴。」

數學女孩Sharon：「太好了！這樣線索更具體。」

這些都是Martin母親請觀眾排好後，拍照給Martin，完全無法在牌上動手腳作記號，也不能在通訊軟體上打任何文字。例如這張的解答是 ♥6。

$\sin(\alpha + \beta) = \sin\alpha \cos\beta + \cos\alpha \sin\beta$

這個是 ♠9

這個是 ♣7

　　魔數師Steven有點悲觀的說：「線索太少吧！我本來想假扮Martin傳題目進行試探；但是她的問題我還沒破解，貿然這樣做，我可能密碼排錯遭識破；另一方面也可能被發現我沒解答就在套答案。現在真的要和時間賽跑了。我順便傳Martin學長母親的考驗給

妳看看，請妳再想想這個問題的答案。」

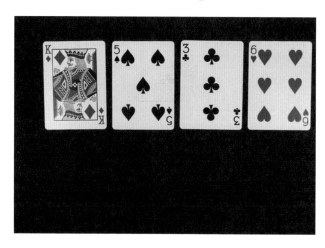

　　數學女孩Sharon：「加油！你是大家公認的天才，一定可以找到答案。往好的地方想，我們得到的線索有不同花色、有奇數有偶數、照片中也有重複的牌。以7為基準，我們有大有小也有基準點，算是幸運的。我們再努力一下，一定會有突破的。」

　　魔數師Steven心情放鬆不少，數學女孩Sharon已經恢復成他以前認識的數學女孩。

那些年的美好時光

　　數學女孩Sharon從大學時期就很能鼓勵消極的魔數師Steven、督促懶散的魔數師Steven，現在看似專情、溫文儒雅的魔數師Steven，在大學時期其實是不怎麼用功的學生，聽說女朋友更是遍布各系各校，翹課翹到差點被退學。某次數學女孩Sharon竟然在教室哭著大聲斥責他，搞得魔數師Steven一頭霧水，覺得這女同學有病嗎？大家都以為是魔數師Steven得罪分組的組長數學女孩Sharon，報告、作業沒交之類的，其實魔數師Steven愛玩愛翹課大家都知道，但是每次報告及上台都令同學、老師驚艷，屬於天才型的人物，那次之後，魔數師Steven翹課次數變少了，而且對數學女孩Sharon也特別的好！同學們一度以為他們要成為班對，但那時數學女孩Sharon已經與Martin學長交往。Martin學長當時是系上博士生，會主動利用時間教學弟妹微積分、線代、高機……等困難的課程，朝著數學教授的目標前進，在碩班時就發表過精彩的論文，當時被譽為數學系的金童。隨之，數學女孩Sharon也有出色的表現和研究論文產出，他們倆人就成為系上所傳誦的金童玉女。

　　魔數師Steven聽完數學女孩Sharon的鼓勵後，靈光乍現，很拘謹的向數學女孩Sharon道了晚安就下線，幽暗大客廳裡的明亮小檯燈下，魔數師Steven相信自己，走入了Martin母子的密碼世界，並讚嘆倆人的默契與機智，閉上眼睛半夢半醒的休息中，彷彿Martin微笑的對他說了聲……謝謝！

Steven的魔數秘訣大公開

魔方陣魔數

1.乘以67的秘密

假設原來的兩位正整數是$10 \times a + b$，其中a是不大於9的正整數、b是不大於9的整數。

乘以 67 寫為

$$(10a + b) \times 67 = 670a + 67b = 600a + 70a + 67b$$

$600a$ 是100的倍數，已經不影響末兩位

影響末兩位的值為$70a + 67b$ (mod 100)

乘以 3：$(70a + 67b) \times 3 = 210a + 201b = 200a + 200b + 10a + b$

$200a$跟$200b$不影響末兩位，所以剩下的末兩位是$10a + b$

簡單來說，$(10a + b) \times 67 \equiv 70a + 67b$ (mod 100)

而$(70a + 67b) \times 3 \equiv 10a + b$ (mod 100)

67×3 = 201，百位數不影響，只有1發揮作用

同理，3位數可以先乘以667，知道末三位後乘以3

667×3 = 2001，只有1影響末三碼

2.十六格魔方陣魔數的進階寫法(不讓數字差異太大)

如果原魔數操作方法要寫出98，表格會變成

78	1	12	7
11	8	77	2
5	10	3	80
4	79	6	9

發現了嗎？數字的差異是不是有點不自然，即使表演時觀眾仍覺得驚奇；但是現在3C產品發達，若被側錄，魔數會不夠完美，我們來分析一下表格，然後進行置換。

166

$\sin(\alpha \pm \beta) = \sin\alpha\cos\beta \pm \cos\alpha\sin\beta$

X	$X+1$	$X+2$	$X+3$
$X+4$	$X+5$	$X+6$	$X+7$
$X+8$	$X+9$	$X+10$	$X+11$
$X+12$	$X+13$	$X+14$	$X+15$

把1當作X，依序排列後就會產生大與小的不平均。

$1+2+3+\cdots+15=120$

$120\div4=30$

從數字分配上，我們可以發現多出來的數字是30。可見斜線(對角線)部分完全正確，皆為$4X+30$。

$X+15$	$X+1$	$X+2$	$X+12$
$X+4$	$X+10$	$X+9$	$X+7$
$X+8$	$X+6$	$X+5$	$X+11$
$X+3$	$X+13$	$X+14$	X

對角線變化後就能以強補弱、達到平衡的狀態。

如果我們把它寫成第二種型態，我們的魔方陣可能會比剛剛的魔數更加強大，有機會讓更多數字和，也能跟直橫斜線的數字和一樣。

$X+13$	X	$X+11$	$X+6$
$X+10$	$X+7$	$X+12$	$X+1$
$X+4$	$X+9$	$X+2$	$X+15$
$X+3$	$X+14$	$X+5$	$X+8$

下頁繼續

舉例來說，如果數字減去30可以被4整除，那這個方陣的「結果」將非常精彩。假設觀眾數字是54。

$4X + 30 = 54$，$(54 - 30) \div 4 = 6$，得 $X = 6$

填法順序依照口訣，但不是從1開始填，從6開始。

19	6	17	12
16	13	18	7
10	15	8	21
9	20	11	14

發現了嗎？比原來的魔方陣多了什麼？

在這魔方陣中，只要找到正方形的四個角加起來，都是54。

2×2的有9組：$(5 - 2)(5 - 2) = 9$

3×3的有4組：$(5 - 3)(5 - 3) = 4$

4×4的有1組：$(5 - 4)(5 - 4) = 1$

直行4組

橫列4組

斜線2組

共計24組和皆為54

文中小加是初學者，上台表演難免緊張，所以魔數師Steven教導她從1開始寫的方式，並不影響表演的可看性；另外提醒觀眾兩位數大於34，數字不要太小，不然太簡單，其實是我們不想讓負號出現，但是在國中生的教學上，就不特別提醒，讓學生試試負號的計算是可行，亦加強負數計算能力。

問題來了！如果數字減30不能被4整除，那怎麼辦？

我們假設64，$(64 - 30) \div 4 = 8 ... 2$ （那個餘2，就把最後4格加2，因為不同行不同列，所以整個增加2。）

─── 讀心數──所有的美好都不會因你留下　是因你的留心就能見到美好

23	8	19	14
18	15	22 (20+2)	9
12	17	10	25
11	24	13	16

因為有餘數，22~25破壞平均的結構，所以無法任意取方形計算，但是整體來說數字全部是二位數，而且數字較集中，魔數就更加精彩了！這一切都是數學的妙趣啊！你是不是也想趕快學會呢？

Note

$$\sin(\alpha \pm \beta) = \sin\alpha\cos\beta \pm \cos\alpha\sin\beta$$

第 11 招

交集

小加，妳在台慶晚會表演的加法讀心術太精彩了！！
我的同事們都說，妳的魔術最讓人印象深刻…

真的嗎!?難怪晚會後，粉絲團的點讚數迅速成長了兩倍多。真是不好意思…

……

沉重…

…乘乘妳怎麼了？臉色好差，是不是哪裡不舒服？

一言難盡…

我的部落客團隊，有夥伴不遵守規定，為了清倉換現金，竟私下和顧客進行交易，嚴重影響到團隊的工作氛圍，我正在煩惱應該用什麼方式處理。

居然有這種事!?太可惡了…

是不是!?傻眼耶…

如果是個案，先求解決方案，倒是不要太極端處理，我建議採行商品品項分工分階制度，因為分工處理的工作是橫向作業，立刻可以找出交集，就可以把該員排除於團隊之外，避免該類事件頻繁而造成團隊不良影響。

乘乘，這是妳上次出國買回來的各國國旗紀念撲克牌。先把牌洗亂，從上面發出25張牌，5張為一列的攤開在桌上。

完成後請妳選一張牌，並記住那一個國家的國旗和上面的點數！

8 ♣ 澳大利亞
Q ♠ 北韓
K ♣ 巴拿馬
Q ♦ 古巴
3 ♠ 委內瑞拉

7 ♣ 新加坡
10 ♠ 美國
J ♣ 加拿大
Q ♣ 所羅門群島
7 ♦ 安哥拉

6 ♣ 菲律賓
2 ♠ 巴西
2 ♠ 英國
K ♠ 土耳其
4 ♦ 中非共和國

A ♥ 香港
2 ♣ 黎巴嫩
8 ♠ 日本
Q ♥ 冰島
8 ♦ 茅利塔尼亞

9 ♦ 突尼西亞
4 ♦ 墨西哥
A ♥ 南非共和國
5 ♠ 巴貝多
7 ♥ 挪威

OK，我記好了！

好，這五行牌從左到右開始數，最左邊的是第一行，依序數，最右邊的就是第五行。
我現在背對著妳，看不到牌，請問妳選的牌在第幾行牌呢？

第三行牌。

接下來請妳再把五行牌重新疊起來，任意切牌數次，然後把牌再發一次…

174

請問妳剛剛記住的牌，現在在哪一行？

還是在第三行。

好，我已經知道答案了！

妳心中想的牌是紅心2，英國～

等等我還沒反應過來，你是怎麼知道的!?

你有看出什麼嗎？

只要把第一次第三行的第一張梅花6當作【指示牌】記住，之後把五行牌疊起來，不論怎麼切牌，妳記的牌都會在指示牌之後成五張橫向排列，所以妳說第二次第三行，我就知道是紅心2了。

喔～原來如此！！

175

拒絕憑經驗憑感覺來解決問題
請從反覆出錯的交集中找答案

乘今天情緒不佳，因為部落客行銷除了圖文並茂外，最重要的是個人魅力與高關注人氣。乘乘的徒弟眾多，現在非常有組織性的從各地進優質新鮮貨物，藉由乘乘篩選介紹後，該商品必定水漲船高，經由團隊進行代理、行銷，可以說是企業化的專業經營模式，利潤也相對可觀。

但是最近乘乘發現，有夥伴偷偷私下交易，由於是團隊合作，所以商品的品項進出，幾乎所有人都可以執行，乘乘領導大家一起集資，透過大量採購可以壓低成本，這種私下行為必定是某幾位夥伴因為存貨太多，最近想出清換現金，所以私下與顧客進行交易。

魔數師Steven：「如果是個案，先求解決方案。該夥伴並非自己代理，偶爾有水貨的私下行為，倒是不要太極端處理。我建議採行商品品項分工分階制度。這樣一來，從近程來說，夥伴一定可以知道這些作為的背後意義；從遠程來看，以後哪個貨物有問題，馬上可以從縱向編制知道哪一組有問題。又因為分級處理的工作是橫向作業，立刻可以找出交集，就可以把該員排除於團隊之中，避免該類事件頻繁出現，而造成團隊不良影響。」

小加和阿減聽得一頭霧水，不懂這些行銷做生意的事，除爸說：「這些事Steven也懂啊？」

魔數師Steven：「一點點，以前父親也是做買賣生意，多少看了一些。其實這些生意事都是數學。比如線性規劃，就是一個找到最大利益的經營方法；並不是店大、人多就賺錢。高中數學裡面，這個單元的例題幾乎圍繞著省成本和賺得最大利益為主。」

運用交集找出旅行的路線

魔數師Steven：「我們剛剛提到的交集，在數學上常見，就是找解答或是交點。我可以用一個撲克牌讀心魔數來做這件事。」

自從學了魔術後，大家都有所改變。先不說除爸升官發財，阿減整個人可以說是亮了起來，小加更因為這次節目的出色表演，即將登上主播台。現在一聽到有魔術可看可學，無不興奮的引頸期盼。

魔數師Steven請乘乘拿出撲克牌，恰好這副牌是乘乘帶回來的紀念牌，有各國的國旗。魔數師Steven請乘乘把牌洗亂，然後從上面發出25張牌，從左到右，5張為一列的攤開在桌上。

魔數師Steven：「請妳記住一張牌，可以直接記哪個國家，也可記上面點數！」

我們用撲克牌就能找出問題的答案喔！

第十一招

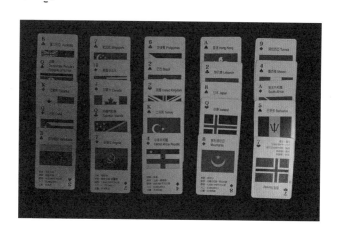

乘乘：「我記好了！」

魔數師Steven數1～5，邊用手指頭從左點到右，然後轉身背對：「請問在第幾行？」

乘乘：「第3行。」

魔數師Steven：「請妳把5行牌疊起來，然後任意切牌數次。」

魔數師Steven轉身回來請乘乘自己再把牌發一次，問說：「現在在哪一行？」

乘乘：「還是在第3行。」

魔數師Steven：「妳心中牌是♥2，英～國！」

乘乘瞪大眼睛：「你怎麼知道？」

現場又是一片嘩然，要魔數師Steven趕快上數學課……

交集變法大解密

交集的奧義

1.觀眾任意洗牌。

2.把25張牌以五張為一列發成五行,請觀眾記一張,然後問他在第幾行。

3.要把那行的第一張當作【指示牌】記住。魔數師Steven會把5張牌記在心裡,但是如果你記不起來,可以等觀眾說完哪一行再記住最上面那一張。假設觀眾記住的牌在第五行,其他四行就不重要。下圖我們特別標記出第五行,且只需要記得♥A這張指示牌。

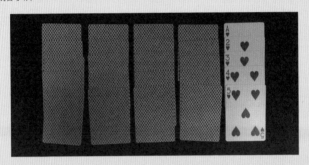

4.請觀眾疊起來,不論怎麼切牌,觀眾記的牌都會在你記的那張指示牌後5張。

5.當觀眾把牌再發一次,5張牌一定會分散成橫向排列。下圖為剛剛圖例的其中一種可能情形。

6.再問觀眾一次是哪一行,就可以知道交集後的答案了。

搜尋到數學女孩的蹤跡

魔數師Steven心中仍惦記著數學女孩Sharon，道了晚安後，留下他們自行練習魔數，逕自回自己屋裡。

他自己無意識的寫出一個「貨」字。其實魔數師Steven會測字算命，但是不自算。所謂「能算不自算」，特別是測字這門藝術。因為測字會隨著個人的靈動力解釋，如果測自己的事不夠客觀；但是心懸著就是不舒服，恰好今天乘乘說到貨品的事；所以就測測心中的事，到底數學女孩Sharon現在在哪裡？

貨拆字為化、貝。阿減的背景音處理，只有蟲鳴鳥叫，必定是草木茂盛之地。化加上草為【花】；貝為只上有日，像一個人兩隻腳一張嘴在太陽下，那是人類習性，有日出而做之象，日出【東】方，難道，數學女孩Sharon現在住在花東？

忽然手機響起，除爸傳來早上10:00至下午16:00的截圖資料，是同仁在三個位置發現數學女孩Sharon的頭像及公里數顯示。

❶ 花蓮車站8公里

❷ 東華大學11公里

❸ 楓林步道5公里

魔數師Steven謝過除爸後，如獲珍寶般的進行繪圖分析。魔數師Steven馬上聯絡在大禹街賣東山鴨頭的好友尤哥，請他去東大門開啟「附近的人」這個功能。魔數師Steven若估計沒錯，尤哥手機估算位置若為 x，則 $3.7 < x < 7.6$。

尤哥把攤子交給太太照顧，飛奔東大門，果然標定出數學女孩

Sharon的位置為「4.5公里」，和魔數師Steven計算完全吻合！

尤哥在花蓮有民宿、有麵店、有東山鴨頭店鋪，是當地一位可以信賴的大哥。魔數師Steven馬上把計算出來的結果給尤哥，麻煩他調查一下當地民宿，並拜託尤哥幫他準備房間，明天就去住他的尤大廚私房麵館／民宿。

今天數學女孩Sharon反常的要求魔數師Steven早點連線，應該是有重大進展。魔數師Steven已經解題完，但避免自己有盲點，所以沒有提供給數學女孩Sharon，等數學女孩Sharon說出想法後再進行討論比對。

數學女孩Sharon開心地秀出她的分析。

Martin母子用第一張牌表達＋、－這件事。

如果第一張牌是四張中最大的牌，則計算為7＋。

如果第一張牌是四張中最小的牌，則計算為7－。

如果第一張牌不是四張中最大或是最小的牌，則答案為7。

數學女孩Sharon：「我現在只剩下花色無法破解，差臨門一腳了。」

魔數師Steven的想法和數學女孩Sharon完全一致。雖然也想出策略，但是不大有把握。他謙虛說道：「不愧是我們系上的數學女孩，我真的太崇拜妳了，這個想法把三個圖的數字破解了，現在只差花色，剩下一天的時間，我相信妳一定可以的。」

魔數師Steven邊說邊把那四張印出來的圖片釘在牆上，苦笑說：「還好有妳，我根本一籌莫展。」

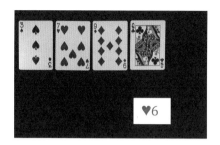

♥6

♠9

♣7

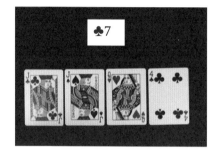

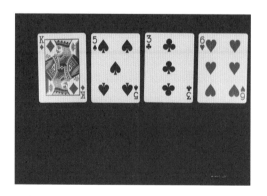

$Sin(\alpha+\beta)=sin\alpha\ cos\beta+cos\alpha\ sin\beta$

　　數學女孩Sharon：「好的，我會繼續努力，我相信我們倆一定可以幫Martin，為他的媽媽再變一次神奇的心電感應魔數。」

　　魔數師Steven：「一定可以的！晚安！」

$x=y^2$
$\pi = 3.14$
第 **11** 招

Steven的魔數秘訣大公開

定位

整篇數學的重點在於交集。魔「數」的部分，利用的是縱向、橫向，找出交集點。
就像坐標一樣進行定位。

找到數學女孩的位置，也是定位，我們從下面這張圖來看。

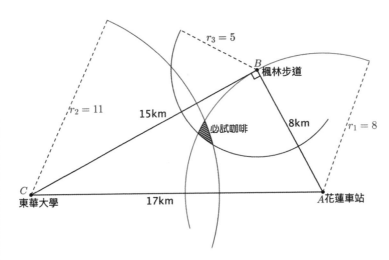

從地圖上和手機軟體的資料，可以將三個位置畫成一個三角形。這個三角形恰好
為直角三角形（三個邊長關係符合畢氏定理）。

$$17^2 = 8^2 + 15^2$$

魔數師Steven從手機的定位資料畫半徑找交集，恰好有一知名咖啡屋存在該區，
但是那是早上10:00至下午16:00的資料，若數學女孩Sharon晚上住宿與白天活動
區域不同，仍然不知住宿的地點。

因此魔數師Steven才立刻拜託朋友到夜市測定位置。測定位置的選擇，為直角三
角形斜邊上的高與邊 $\overline{AC}$ 附近（東大門夜市）。

下頁繼續

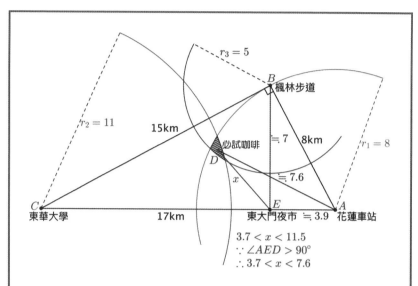

$$3.7 < x < 11.5$$
$$\therefore \angle AED > 90°$$
$$\therefore 3.7 < x < 7.6$$

楓林步道與東大門夜市距離大約7km。斜邊上的高$(8\times15)\div17=\frac{120}{17}\approx7.06$

（邊長$\overline{BE}$幾乎是三角形ABC斜邊上的高）。利用手機地圖，花蓮

車站到東大門夜市大約3.9km，三角形ABE的邊長幾乎是一個

直角三角形，從圖上也可清楚判斷，角AED必為鈍角。

若以必試咖啡（在斜線交集區中的咖啡

店）為基準，地圖顯示花蓮車站到必試咖

啡約7.6km，花蓮車站到東大門夜市大約

3.9km，則x大於邊長$\overline{AD}$與邊長$\overline{AE}$的差，

小於邊長$\overline{AD}$與邊長$\overline{AE}$的和。

得$3.7 < x < 11.5$

又角AED為鈍角，所以三角形邊長最長為

邊$\overline{AD}$，得$3.7 < x < 7.6$。

尤哥的測定為$x=4.5$，恰好佐證了魔數

師Steven的計算，也印證幾日前數學女孩

Sharon說她白天也不會走太遠的對話。

從坐標定位推
論，我倆就找
到Sharon！

第12招

真話

嗯…從手機上「附近的人」顯現的標示，Sharon應該就住在這附近…

但是我該怎麼向店家打聽Sharon的事呢？

哈囉，可以點餐了嗎？

好的，一杯冰咖啡…好奇問一下先生你是一個人來玩的嗎？

啊…我要一杯冰咖啡。

是啊！順便研究一些問題，希望藉由你們好喝的咖啡，提提神、醒醒腦，因為問題有點難…

最近有一個客人是數學系教授，天天來我們店裡，她也說她在解謎… 也和你一樣，桌上擺滿了撲克牌！

你說得這個人好像是我的大學同學，我們都在研究這個問題…可以形容一下這個人嗎？或是她有什麼特別的地方？

這個嘛…那位客人告訴我，以前咖啡屋前面有一家民宿，裡頭有一座以玫瑰石造景的玫瑰花園。

但那家民宿去年就歇業了，她很惦記，因為那是她和男朋友第一次出遊的地方…

哎呀呀，這個話題好像太沉重了，我們聊點別的吧…

對啦，不要說那麼悲傷的事，不如我們來玩一個賭局吧！！

如果我輸了，就免費重新造一座玫瑰石花園在你的庭院裡；如果贏了，一樣免費幫你造這個景，但是…

以後來這裡拍照打卡收20元，捐給弱勢團體，給沒有飯吃、沒有書讀的孩子。這樣如何？

聽起來怎樣都不會虧，好啊，要怎麼賭？

請記住5元、10元、50元這三個硬幣的樣子。

接下來，我把硬幣收到口袋，你除了要認真想像外，還要把想像化為真實，請先想像我們周圍是昏暗的，只有身旁的小窗戶透入一點光…

這個光溫暖的照在我的手心，想像我手心裡有三個硬幣，5元、50元、10元，等一下請你先挑一個銀色的硬幣先放在口袋！

接著，請將剩下的金、銀兩個硬幣拿到你的背後，一手放一個。

拿

請你從這兩個硬幣想一個硬幣，如果想的是金幣就說真話，如果想銀幣就說謊話。

好的，我想好了！

你想的硬幣在哪一隻手？

右手。

好，我已經知道你所有硬幣的位置了！

口袋是5元、左手是10元、右手是50元。

哎呀呀！你是怎麼猜到的？太神奇了！

我們重新把魔術再走一遍，然後用正、負號的性質來說明，你就會很容易理解。我們把說真話設為+、說假話設為-；想金幣設為+，想銀幣設為-。就像表格這樣：

	答真話(+)	答假話(-)
想金幣(+)	＋＋＝＋	＋－＝－
想銀幣(-)	－＋＝－	－－＝＋

首先你一開始從我手上挑硬幣時，我就已經從你拿的位置判斷是5元或是10元。

後續你一手拿一個硬幣，不管你回答哪一隻手，那隻手一定是金幣。

	左手(銀幣)	右手(金幣)
想金幣	答右手	
想銀幣		答右手

我懂了！

剛剛不論我是想金幣說真話，或是想銀幣說假話，我的答案都會是右手。

精明人只會機關算盡豪取所有利益
有智慧的人運用行為心理創造雙贏

魔數師Steven送早餐給乘乘時，告訴乘乘自己要去花蓮幾天，並將「一疊資料」交給乘乘，請她向其他人說明。

魔數師Steven開車到了花蓮，先到尤大廚民宿放好行李，然後騎上摩托車，開啟手機上「附近的人」，來到了一間民宿。這時發現數學女孩Sharon距離只有100公尺。數學女孩Sharon住在這裡應該八九不離十！民宿周邊的必試咖啡只有700公尺，她很有可能散步時間就是在必試喝咖啡。

從咖啡廳的窗外看到一個女孩，那個女孩就是數學女孩Sharon……

下午三點多，數學女孩Sharon離開了咖啡廳。魔數師Steven坐上一樣的位子，開啟一樣的筆電，手上拿著一樣的筆，筆下的紙是密密麻麻的計算式，桌上放著一樣的撲克牌。唯一不同的是魔數師Steven的牌是藍色，數學女孩Sharon的牌是魔數師Steven送她的，是紅色。

基於安全，現在對於隱私的基本常識人人有，若貿然直接向店家詢問，一定會被拒絕或有所保留。魔數師Steven使用的方式是引起對方的關注，讓店家的人員對這個現象，感到新奇，引起對方的探究動機。正如魔數師Steven在教學上使用的方法，引起學生的探

究動機，自然可以收到更佳的教學效果。

　　果不其然，店長好奇的靠近攀談：「一個人來玩嗎？」

　　魔數師Steven：「是的，順便研究一些問題，希望藉由你們好喝的咖啡，提提神醒醒腦，因為問題有點難。」

　　店長瞪大眼睛說：「剛剛有一個客人是數學系教授，天天來我這，她也說她在解謎，而且和你一樣，桌上擺滿了撲克牌。」

　　魔數師Steven：「你說的這個人，和我大學同學好像，我們都在研究這個問題。你可以形容一下這個人嗎？或是她有什麼特別的地方？」

　　店長從櫃檯後方拿出一張照片，是店長獨照，他旁邊是和人一樣高的玫瑰花造景，邊拿照片邊說：「她話不多，每天固定9:00~15:00待在你現在這個位置。午餐也準時12:00吃，一個人邊玩牌邊研究問題。倒是有一件事，她一直耿耿於懷。我一開始問她怎麼來到這裡這麼多天，她才告訴我，她以前和男友來過。我咖啡屋前面之前有一家民宿，庭園有一個大型玫瑰花，是花蓮特有石種玫瑰石堆起來的造景，大家會在那邊拍照打卡。可是去年那家民宿不營業了，那些造景石頭也就拍賣了，那位教授好像很惦記那個地方，畢竟是她和男友第一次出遊的合照景點。」

■ 聲東擊西的雙贏策略

　　魔數師Steven：「店長，您就是老闆吧！我想和您玩一個您一定贏的賭局。這遊戲的條件是這樣，如果我輸了，我免費把照片

上那個造景做在您的庭院裡；如果我贏了，我一樣免費幫您造這個場景。但是這地方以後拍照打卡收20元，收益捐給弱勢團體，提供給沒有飯吃沒有書讀的孩子。您覺得如何？」

店長想了想，這對自己百利無一害。不管是造景的龐大經費、增加景點價值、做公益，對咖啡店都是大助益，於是爽快答應說：「來，怎麼賭？」

魔數師Steven拿出5元、10元、50元硬幣放在手心，他要店長記住這三個硬幣的樣子，然後就把硬幣收到口袋。

魔數師Steven伸出左手，手心向上：「接下來您要想像，而且認真的把想像化為真實。請您先想像我們周圍是昏暗的，只有我們身旁的小窗戶透入一點光，這個光溫暖的照在我的手心，想像我手心裡有3個硬幣，5元、50元、10元，等一下請您先挑一個銀色的放在口袋！」

店長煞有其事的挑了一個隱形的錢幣放到口袋，店員和其他桌邊的客人都被吸引。看著店長做完這個動作，沒人知道他選了什麼硬幣，更期待接下來發生什麼事。

魔數師Steven：「請將剩下的金銀兩個硬幣拿到您的背後，然後一手放一個。」

店長照做，假裝在背後搖晃混亂硬幣，並一手拿一個。

魔數師Steven：「請您從這兩個硬幣想一個硬幣，如果想的是金幣就說真話，如果想的是銀幣就說謊話。」

店長：「我想好了！」

魔數師Steven：「您想的硬幣在哪一手？」

店長：「右手！」

魔數師Steven：「賭局開始，我已經知道您所有硬幣的位置了。」

店長和眾人瞪大眼睛等待見證奇蹟的時刻……

魔數師Steven專注而且自信的說：「口袋是5元、左手是10元、右手是50元。」

店長：「嚇死我了，好毛喔！你看我都起雞皮疙瘩，怎麼可以這樣讀心，我服了你了，你去圈一塊位置，你愛怎麼堆就怎麼堆，太厲害啦！」

旁邊的人看傻了眼，議論紛紛，胡亂猜測著魔數師Steven讀心術到底是怎麼辦到的。

店長：「太厲害了，我一定要交你這個朋友，這個賭局就算我贏，我也會捐出來做公益。」

魔數師Steven微笑道謝，並表達感激。感恩店長願意提供地方做這樣的佈置，而這也是魔數師Steven談判的目的。從一開始，魔數師Steven目標就是免費得到一個土地。但是在這裡買地既不經濟也不符合自己生活上的需求，這個賭局不過是商場上的談判，聲東擊西加上雙贏的策略，免去了魔數師Steven一個土地成本開銷，也多認識了一位好友。

Steven太厲害了！我服了你了！

真話變法大解密

金銀幣到底在哪裡？

第一階段：挑銀幣

這裡的技巧就像是教書一樣，不僅必須讓學生有強烈的感受，還要跟上老師的節奏，產生共鳴。

請你先想像我們周圍的是昏暗的，只有我們身旁的小窗戶透入一點光，這個光溫暖的照在我的手心，想像我手心裡有三個硬幣，分別是5元、50元、10元。這句話是把虛擬的情境具象化，所以不能太快，語氣溫和低頻。（數學教學時，讓學生有時間內化核心概念，思考能跟上節奏。）

初學者說這句話時，可以先放三個真的硬幣再把它拿走，成功率會比較高。高手級可以直接用話術引導。

三個硬幣的位置如下圖所示

當觀眾拿取你手上硬幣時，你可以從【他拿的位置】判斷他取的是5元或是10元。（旁觀者以為他亂取，他在遊戲後，自己也很難知道自己拿取時位置被知道了。）

所以第一階段他拿什麼硬幣，就是這樣的一個心理控制。

> 第二階段：金銀幣
> 魔數師Steven：「請您從這兩個硬幣想一個硬幣，如果想的是金幣就說真話，如果想的是銀幣就說謊話。」
> 店長：「我想好了！」
> 魔數師Steven：「您想的硬幣在哪一手？」
>
> 店長：「右手！」
> 這個部分很簡單，觀眾回答的【X手】一定是金幣。以前段故事為例，店長右手是金幣。

發現關鍵密碼

　　魔數師Steven下午六點左右回到尤大廚的牛肉麵館吃晚餐，數學女孩Sharon打電話來時語氣雀躍，她告訴魔數師Steven，她應該解開謎題了。

　　魔數師Steven興奮的回房間，並把視訊的視角佈置成和自己的房間一模一樣，確認完後才與數學女孩Sharon視訊……

　　數學女孩Sharon專業又自信地分析：我們回顧一下昨天進展，Martin母子用第一張牌表達＋、－。如果第一張牌是四張中最大的牌，則計算為7＋；如果第一張牌是四張中最小的牌，則計算為7－；如果第一張牌不是四張中最大或最小的牌，則答案為7；原本剩下花色無法破解。

　　數學女孩Sharon：「你昨天不是把那三張提示釘在牆上，我下午發現密碼了！」

♥6

♠9

♣7

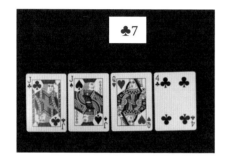

數學女孩Sharon：「我發現了，控制花色的是象限。」

數學女孩Sharon：「你看看每一張照片，因為拍攝的人是Martin的媽媽，拍攝角度可以自取，整個圖面分成四個象限，偏第一象限的是♠（黑桃的頭有1個尖尖），靠第二象限的是♥（紅心的頭是2個圓圓），第三象限是♣（梅花的頭是3個圓圓），最後第四象限是♦（方塊有4個角）。」

魔數師Steven瞪大眼睛：「妳真的太厲害了，教授。」

數學女孩Sharon：「喂！不是說好別叫我教授嗎？被你這個天才同學這樣叫，會有一種怪怪的、或是被嘲諷的感覺。」

魔數師Steven促狹的說：「娘娘息怒，臣不敢！您的分析讓我對您的景仰有如滔滔江水，連綿不絕！」

數學女孩Sharon：「我還有如黃河氾濫一發不可收拾呢！少在那邊哄我，言歸正傳啦！你看題目，第一張K是最大的牌所以是7+，中小大＝3，7＋3＝10，照片偏第一象限，所以是黑桃，答案一定是黑桃10。」

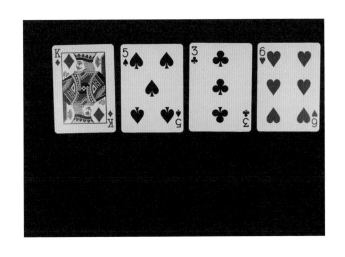

　　魔數師Steven的想法和數學女孩Sharon完全一致，答案也八九不離十，明天一早就把國外的假照片和這個解答傳給Martin的母親，應該可以解決這個心中大石頭。

　　魔數師Steven趁著數學女孩Sharon心情好，故意說：「喂，妳在的地方一定好山好水，可以令頭腦清晰、心情愉悅。多住幾天，順便把那些世紀數學難題解一解，發發論文，以後出國演講，帶同學我出去開開眼界。」

數學女孩Sharon如釋重負般的心情，讓臉色更加紅潤，看起來更美了。數學女孩Sharon快樂的說：「想太多！我是想多住一下沒錯，但我希望你可以再丟一些題目給我，好久沒享受這樣的解謎快感了。」

魔數師Steven：「老同學，來個心電感應好不？」

數學女孩Sharon：「怎麼感應？」

魔數師Steven用低沉的聲音說：「從50~100間想一個二位數，兩個數字不要一樣、要偶數，好了嗎？」

數學女孩Sharon：「好了。」

魔數師Steven：「有6對吧？」

數學女孩Sharon迅速回答：「對。」

魔數師Steven：「答案已經傳到妳手機內了。」

數學女孩Sharon大叫：「怎麼可能！這什麼邪術啦？快教我。」

魔數師Steven故作神祕地說：「這個心電感應成功率只有百分之七十，但是對於像妳這樣的高學歷、會唸書、很專注的人來說，成功率會大幅提升。這是妳今天的功課，明天交報告，我心中大石頭放下來，我要睡覺了！妳快去研究吧！」

沒等數學女孩Sharon回答，魔數師Steven就下線了……

其實，搬完心中的石頭，魔數師Steven手上也有石頭……

Steven的魔數秘訣大公開

說真話的秘密

手裡拿的硬幣怎麼判斷？可以用正負號的性質進行理解。

	答真話 (＋)	答假話 (－)
想金幣 (＋)	＋＋＝＋	＋－＝－
想銀幣 (－)	－＋＝－	－－＝＋

我們把說真話設為＋、說假話設為－，想金幣設為＋、想銀幣設為－，所以不會有
－＋與＋－的情形。

我們試想一下，假設左手拿金幣，右手拿銀幣。

魔數師Steven：「請你從這兩個硬幣中想一個硬幣，如果想的是金幣，等一下就回
答真話，如果想的是銀幣就回答假話。」

	左手（金幣）	右手（銀幣）
想金幣	答左手	
想銀幣		答左手

觀眾：「我想好了！」

魔數師Steven：「你想的硬幣在哪一手？」

觀眾：「左手。」（不論是哪一種情形，他都會答左手【有金幣的那一手】）

下頁繼續

象限的創建和意義

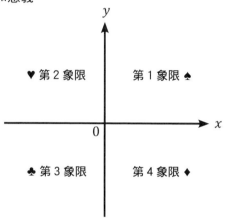

故事中Martin和母親的密碼，撲克牌花色就是利用象限做控制

四個象限的坐標性質如下

第一象限中的點：$x > 0$、$y > 0$

第二象限中的點：$x < 0$、$y > 0$

第三象限中的點：$x < 0$、$y < 0$

第四象限中的點：$x > 0$、$y < 0$

值得注意的是原點和坐標軸上的點不屬於任何象限。

法國數學家笛卡兒反覆思考一個問題：幾何圖形是直觀的，而代數方程是比較抽象的。能不能把幾何圖形與代數方程結合起來，也就是說能不能用幾何圖形來表示方程呢？

要想達到此目的的，關鍵是如何把組成幾何圖形的點，和滿足方程的每一組「數」掛上鈎。他在一次生病時，躺在床上苦苦思索把「點」和「數」如何聯繫起來，突然看見屋頂角上的一隻蜘蛛，拉著絲垂了下來，蜘蛛又順著絲爬上去，在上邊左右拉絲。蜘蛛的「表演」使笛卡兒的思路豁然開朗。

直角坐標系的創建，在代數和幾何之間架起了一座橋梁，它使幾何概念用數來表示，幾何圖形也可以用代數形式來表示。由此笛卡兒在創立直角坐標系的基礎上，創造用代數的方法來研究幾何圖形的數學分支——解析幾何。「數缺形少直覺、形缺數難入微」正是一個入微的分析金句！

心電感應（70%成功率）

魔數師Steven用低沉的聲音說：「從50~100間想一個二位數，兩個數字不要一樣、要偶數，好了嗎？」

兩個數字不要一樣、要偶數【這一句話要連著講、要快！】

分析符合條件的數字：62、64、68、82、84、86

（一直強調兩個數字是偶數，一般人不會說60、80，不會想0）

數學女孩Sharon：「好了。」

魔數師Steven：「有6對吧？」

如果回答沒有，剩下82或84，這裡可以故意說82，如果正確他會點頭。（若對方沒反應，就嘴巴念82、84、82、84、82、84…，假裝自己在感應，然後說84。）

數學女孩Sharon迅速回答：「對。」

迅速回答「對」就是68，想一下才回答對就是86。（這裡需要經驗）

那為什麼不是62或64，這是一個心理制約，節奏要控制好；因為50~100之間這句話，會令人不喜歡說出2或4。經過統計實驗，第一次玩這個遊戲的人，很多人會說68；而且這個遊戲的控制，經過練習後，誘導68的成功率會更高。

這個魔數你學會了嗎？

第十二招

這不是超能力
但能操控人心

Note

$\sin(\alpha + \beta) = \sin\alpha\cos\beta + \cos\alpha\sin\beta$

快快快寫下魔
數筆記！

秘

第13招

善意的謊言

204

乾媽希望知道的操作秘密是這樣的，首先要先設定好
$A + B + C + D + E + F + G + H + I + J =$ 想預言的數字，並算出每個坐標位置的值。

	F	G	H	I	J
A	$A+F$	$A+G$	$A+H$	$A+I$	$A+J$
B	$B+F$	$B+G$	$B+H$	$B+I$	$B+J$
C	$C+F$	$C+G$	$C+H$	$C+I$	$C+J$
D	$D+F$	$D+G$	$D+H$	$D+I$	$D+J$
E	$E+F$	$E+G$	$E+H$	$E+I$	$E+J$

因為不會選到同行同列，所以 A~J 的數字只會出現一次，而且每個都會出現，所以最後選擇會是定值。

以Martin的生日3月13日為例子，首先 A~J 這十個數字可以自由設定，例如我們隨意填寫51、20、33、12、36、23、32、41、17、48等十個數字，記得，只要總和是Martin的生日313即可。

	$F=23$	$G=32$	$H=41$	$I=17$	$J=48$
$A=51$					
$B=20$					
$C=33$					
$D=12$					
$E=36$					

依序分別的加總，我們就可以進行互動魔術了。

	$F=23$	$G=32$	$H=41$	$I=17$	$J=48$
$A=51$	$A+F=74$	$A+G=83$	$A+H=92$	$A+I=68$	$A+J=99$
$B=20$	$B+F=43$	$B+G=52$	$B+H=61$	$B+I=37$	$B+J=68$
$C=33$	$C+F=56$	$C+G=65$	$C+H=74$	$C+I=50$	$C+J=81$
$D=12$	$D+F=35$	$D+G=44$	$D+H=53$	$D+I=29$	$D+J=60$
$E=36$	$E+F=59$	$E+G=68$	$E+H=77$	$E+I=53$	$E+J=84$

特別要注意的是，在x坐標（及y坐標）1~5 中的任意填寫五組坐標，一定不能重複。例如這五組坐標，x坐標y坐標各自數字均沒有重複。

(3,5) → 92
(2,3) → 65
(4,1) → 53
(1,2) → 35
(5,4) → 68

最後加總數字就是：
92 + 65 + 53 + 35 + 68 = 313
Martin 的生日 3 月 13 日。

哈哈…原來是這樣，Steven我代替你乾媽謝謝你。

相信她在天上一定會很開心。

第13招
從雙方對話的槓桿點破解
發現借力使力的解決方法

魔數師Steven將「♠10」與國外的情境照片傳給Martin的母親，並長篇大論的書寫最近有多忙、有多思念母親。

當魔數師Steven得意自己的聰明才智時，對方傳來一個「哈哈」大笑，指著自己的饅頭人貼圖，又來了一行字，讓魔數師Steven整個情緒五味雜陳。

那行字……

「謝謝你！Steven，你好厲害！」

魔數師Steven立刻回傳回去：「媽，您在說什麼？」

突然魔數師Steven電話響起，是Martin的父親……

Martin父親：「Steven，謝謝你，剛剛那行字是你阿姨的遺言，她知道你會破解這個密碼，因此在LINE上先打上那段話。Martin的媽媽前天走了。她一直都知道我們瞞著Martin的事，她怕我難過、擔心，才隱忍一直不問。她說你一定會懷疑自己哪裡做得不好，但其實你做得非常完美。只是有兩件事可以判斷Martin出事了！第一，以Martin的個性，不可能這個時間出國，並且出國前，還完全沒來看她；另外一件事是你太完美了，只要天冷，就會留言說你穿得好多好多，直到流汗你才覺得溫暖。有需要坐飛機，你會

208

把啟航時刻及到達時間鉅細靡遺報告，一降落就留言報平安。這些都是一個母親會嘮叨在意的事，你從不等她問，就把這些事完整告訴她，Martin在這一個部分並不會這麼細膩！」

Martin父親接著說：「阿姨說你每次來看她或是寫訊息給她，不急不徐，完全配合她的速度，分享好多Martin在學校的豐功偉業，又說Martin在研究及教育上多麼出色，這些都大大溫暖了她這個做母親的心，非常感謝你。」

魔數師Steven哽咽的說不出話，甚至像一個孩子一樣的大哭。反倒是Martin父親一直在安慰他。有這樣的情緒很正常，一年多來他都扮演Martin的角色與母親對話，他們的融洽程度如同真的母子一般的親近。

魔數師Steven整理好情緒向Martin父親說：「這次密碼的破解還有一個人，就是Martin當時交往中的女友，她費了很多心思解開，她一直對Martin的意外耿耿於懷。我從上次向伯父要的行車記錄器和資料，確定Martin沒有超速，其他的學長還告訴我Martin在騎車前2個多小時，只喝一口啤酒，當然也不是酒駕，我已經掌握到關鍵性的證據，知道造成Martin傷害的到底是什麼了。」

魔數師Steven：「另外，那天不是Martin被Sharon找回去，而是Martin帶著求婚戒指，準備在聖誕夜向Sharon求婚，給她驚喜，那個戒指還在吧！在阿姨的告別式後，可以麻煩您和我一起向Sharon說明嗎？因為她還活在自責與愧疚之中。」

Martin的父親立刻答應魔數師Steven的要求：「這當然沒問題，怎麼可以耽誤一個女孩子的大好青春！另外有件事想向你詢問，你阿姨想收你為義子，不知你是否願意？」

魔數師Steven：「這是我的榮幸！我也會依據義子禮數為乾媽送行。」

利用坐標軸計算出生日

Martin的父親：「好好！你真是一個好孩子！你記得上次你有變一個數學魔術給我太太看嗎？你教她用1~5分別填入 x 與 y 的位置，5個 x 不能重複、5個 y 不能重複，那五個坐標的數字加起來恰好是313（Martin的生日）。你告訴她說，她想念誰，誰的生日就會出現，她一直不相信那是巧合，她說如果可以，可以在告別式把祕密燒給她嗎？」

魔數師Steven啜泣著說：「乾媽也太可愛了！怎麼不直接問我呢？」

Martin的父親：「是你讓她有事做、有東西想才不無聊！很多數學家不也是體弱多病，但是沉浸在數學的研究裡才忘去病痛的煩惱，是你幫你乾媽在這些日子不那麼悲傷空虛。」

魔數師Steven看著手機裡那張數字方陣的照片，繼續默默地拭淚……

$\sin(\alpha \pm \beta) = \sin\alpha\cos\beta \pm \cos\alpha\sin\beta$

	1	2	3	4	5
5	74	83	92	68	99
4	43	52	61	37	68
3	56	65	74	50	81
2	35	44	53	29	60
1	59	68	77	53	84

$(3,5) \rightarrow 92$

$(2,3) \rightarrow 65$

$(4,1) \rightarrow 53$

$(1,2) \rightarrow 35$

$(5,4) \rightarrow 68$

$$92 + 65 + 53 + 35 + 68 = 313$$

善意的謊言變法大解密

預言坐標

（ , ）→

（ , ）→

（ , ）→

（ , ）→

（ , ）→

非常神奇的坐標預言！

觀眾 x 坐標（及 y 坐標）1～5的選擇，不重複。選出來的數字加總，必為313。

想知道這個魔數如何設計自己想要的數字，請看本章的Steven的魔數秘訣大公開（詳見P214）。

重建玫瑰石花園

　　魔數師Steven告訴數學女孩Sharon詳細的情形，並告知她Martin的意外完全和她無關，所有的證據和結論這幾天可以給她，並且約了數學女孩Sharon前往乾媽的告別式，魔數師Steven因為心情不佳，今天不想說話也不想視訊，數學女孩Sharon給他的訊息，他也全數已讀不回⋯⋯

　　魔數師Steven打了幾通電話，其中一通是告訴必試咖啡的店長，別告訴數學女孩Sharon他有來花蓮。到了深夜，魔數師Steven開著租來的小貨車，在小徑上穿梭數次，直到陽光趕走了星月，才滿身大汗的回到民宿。洗澡時的刺痛提醒，才發現手掌已破皮，他儘量讓頭腦一片空白，專注的完成眼前這件事情，這段假期之後，魔數師Steven相信，周遭的世界，會有不一樣的轉變。

　　數學女孩Sharon連續三天沒有魔數師Steven的消息，每天魔數師Steven只傳來晚安，讓數學女孩Sharon很擔心魔數師Steven的狀況，以前魔數師Steven心情再怎麼不好，也會聽數學女孩Sharon開導或是安慰，數學女孩Sharon其實非常想念魔數師Steven，她默默的看著電腦偷偷截下的圖，看看魔數師Steven自信帥氣的臉，猛然發現⋯⋯

♥6

♠9

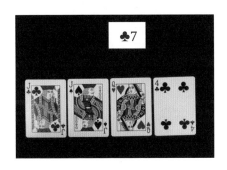

♣7

　　魔數師Steven釘在牆上的圖片恰好是Martin母子密碼的答案，這種巧合非常不合理，而且視訊時的鏡頭，一般對話者會將其置中，但是魔數師Steven卻故意把鏡頭的重點放在牆上，他擺的位置若不考慮全部直排或橫排的情形，以四個象限放置來說，有4! = 24種可能，但是牆上的位置，卻和推理出來的結果恰好一致（機率是 $\frac{1}{24}$ ），也就是說，魔數師Steven早就破解了，但是他把功勞讓給數學女孩Sharon，讓她覺得自己有為Martin做一些事，釋放心理壓力 。這些日子以來，魔數師Steven細心陪伴Martin家人，一大半原因應該也是為了她吧！想到這裡，數學女孩Sharon對魔數師Steven的想念又更加深了。

Steven的魔數秘訣大公開

預言坐標的製作

請觀察一下故事中313的製作範本

	23	32	41	17	48
51	74	83	92	68	99
20	43	52	61	37	68
33	56	65	74	50	81
12	35	44	53	29	60
36	59	68	77	53	84

原理

	F	G	H	I	J
A	$A+F$	$A+G$	$A+H$	$A+I$	$A+J$
B	$B+F$	$B+G$	$B+H$	$B+I$	$B+J$
C	$C+F$	$C+G$	$C+H$	$C+I$	$C+J$
D	$D+F$	$D+G$	$D+H$	$D+I$	D$+J$
E	$E+F$	$E+G$	$E+H$	$E+I$	E$+J$

$A+B+C+D+E+F+G+H+I+J$ =預言的數字（定值）

為什麼觀眾的選擇是定值，因為不會選到同行同列，所以A~J的數字只會出現一次，而且每個都會出現。

比對一下兩張表格範本，是不是也手癢想設計一下呢？

$\sin(\alpha+\beta) = \sin\alpha\cos\beta + \cos\alpha\sin\beta$

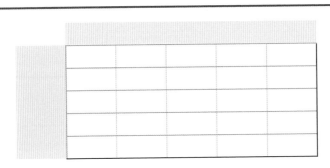

提供一個520的求婚或表白的表格。

作者的學生曾在一次求婚時，把他們情侶出遊的生活照貼成5×5的方格，照片上有菜單、車牌、房間號碼、機票號碼……等數字，在女主角選完五張照片後，加總為520，真是很聰明浪漫啊！

520範本：

	50	73	41	62	84
25	75	98	66	87	109
39	89	112	80	101	123
43	93	116	84	105	127
67	117	140	108	129	151
36	86	109	77	98	120

5	75	98	66	87	109
4	89	112	80	101	123
3	93	116	84	105	127
2	117	140	108	129	151
1	86	109	77	98	120
0	1	2	3	4	5

下頁繼續

第 **14** 招

布局

規則說明

現在螢幕上有九個格子，每個格子是一個國家。請你們心裡先想著自己在台灣，然後請走5步，可以橫向、直向、來回，但是不能飛到不是相鄰的國家。

泰國	新加坡	韓國
大陸	台灣 ✈	馬來西亞
菲律賓	印尼	日本

大家一起飛去海島度假～

嗯…應該是往北飛到新加坡再轉機到其它地方。

我跟著小加一起飛!!

我先去大陸出差，再和你們會合。

你們都走好了?我要公布第一階段我的預測。

…我知道了，你們不在泰國、菲律賓和日本這些國家。

	新加坡	韓國
大陸	台灣 ✈	馬來西亞
	印尼	

咦!!??你是怎麼猜到的?

……

再繼續玩下去，我不信你有這麼厲害!

219

好，接著請再走5步，空白區不能走喔!
下好離手，我估計你們不在大陸、印尼這兩個國家。
……
新加坡
韓國
台灣
馬來西亞
不可能!我不相信!!
不如這樣，每個人都不要走相同的路線，看Steven怎麼猜得對。
OK，請再走4步…
好的…你們沒人去新加坡這個國家。
放棄…我不想玩了
韓國
台灣
馬來西亞
不行，我才不信最後這關也能被猜到!!
沒錯，跟他拚了!!
最後一輪，請再走三步，下好離手…我猜你們停在馬來西亞…
Steven你又做了什麼手腳?給我從實招來!!
馬來西亞

哈哈…請大家注意看！
首先建立一個觀念，把
灰底色的地方，視為偶
數點，白底為奇數點。

口訣操作步驟就是：

5去三角：偶數(台灣)+奇數(5步)=奇數
從台灣出發奇數步，必定不會在偶數點
上，所以拿掉泰國、菲律賓、日本。

5留正方：(從白色區)奇數+奇數(5步)=偶數
因此白色(奇數區)不會有人選擇，所以拿
掉大陸和印尼。

4去頭頂：(從灰色區)偶數+偶數(4步)=偶數
去除白色(奇數區)的新加坡。

3留右方：(從灰色區)偶數+奇數(3步)=奇數
依照以上口訣，按情境內容操作，必留在
右方的馬來西亞。

泰國	新加坡	韓國
大陸	台灣 ✈	馬來西亞
菲律賓	印尼	日本

唉…結果Steven
全都猜對了，到
頭來…

旅費還是
得自付!!
可惡～～

我還沒去過
馬來西亞耶
，真期待…

那…我們也
一起去吧?

早就在安排
景點了～～

九宮格曼陀羅布局術
發現理想的旅行地圖

今天是星期日，魔數師Steven利用午餐時間，透過視訊向鄰居好友們問候，忽然告訴小加說：「想不想要獨家？」

小加知道魔數師Steven心情不好，特別逗他開心說：「我現在只想你，你什麼時候回來？找到數學女孩Sharon就忘記我了喔！」

魔數師Steven：「哈哈，謝謝妳逗我開心，我是真的要給妳一個超級任務。」

小加：「當然沒問題！這還用問，你知道我們這行搶一個獨家就是升官發財的代名詞。」

魔數師Steven說：「可是這次任務我希望阿減當妳的護花使者，一方面可以保護妳，一方面他可以提供現場報導的專業知識，妳願意嗎？」

阿減沒等小加回答：「謝謝哥。我願意我願意！幾天我都願意！」

小加嬌羞的瞪了阿減一眼。

乘乘和除爸在一旁，嚷著好幾天沒看魔數師Steven變魔術了，超級想念。

魔數師Steven：「好吧！我們來玩個旅遊九宮格，如果我猜錯了，你們的旅費我包了；如果我猜對了，請自費旅遊。」

除爸驚訝的說：「啊～用視訊也能玩魔術喔？」

乘乘斜眼看著除爸回答：「吼～他就是外星人啊！」

出發！旅行齊步走

魔數師Steven在螢幕上秀出九個格子，每個格子是一個國家。

泰國	新加坡	韓國
大陸	台灣 ✈	馬來西亞
菲律賓	印尼	日本

魔數師Steven：「請你們心裡先想著自己在台灣，然後走5步，可以橫向、直向、來回，但是不能飛到不是相鄰的國家。預備開始……」

魔數師Steven：「我知道了，你們不在這些國家。」

	新加坡	韓國
大陸	台灣 ✈	馬來西亞
	印尼	

螢幕隨之消失了三個國家。大家面面相覷，果然沒有人待在這三個國家。

魔數師Steven：「請再走5步，空白區不能走。」

螢幕隨即又消失了兩個國家。

	新加坡	韓國
	台灣	馬來西亞

魔數師Steven：「請再走4步。」

螢幕立刻又消失了一個國家。

		韓國
	台灣	馬來西亞

魔數師Steven：「最後，請走3步。」

螢幕剩下一個國家。

		馬來西亞　✈

魔數師Steven：「你們停在馬來西亞。」

　　螢幕前的四個人大叫，誇張的表情訴說著這個魔數的神奇。透過螢幕也能變，真是開了眼界，更見證魔數師Steven的魔數奇蹟！

布局變法大解密

九宮格旅行

5 去三角
5 留正方
4 去頭頂
3 留右方
依照以上口訣，按情境內容操作，必留在右方的馬來西亞。

泰國	新加坡	韓國
大陸	台灣 ✈	馬來西亞
菲律賓	印尼	日本

愛在520玫瑰花石花園

　　魔數師Steven規劃好馬來西亞的布局，擦了藥之後倒頭睡覺，今天終於完工了。

　　咖啡廳店長指著窗外覆蓋紅布的地方，向數學女孩Sharon說：「小姐，我想告訴妳一件事，妳可以隨我到庭園前面那塊紅布那裡嗎？」

　　數學女孩Sharon驚訝的望向那個地方：「喔！可以啊！」

　　店長解開繩子，拉下紅布，映入眼簾的正是一座玫瑰花石花園，總共由大大小小520片石塊堆砌而成，沒有用到任何接著劑，

全憑石塊的幾何特性相嵌而成。

數學女孩Sharon：「這個……是你們的新造景嗎？是因為我上次說……」

店長：「不是啦！這個石材很貴，這樣的一座造景光成本就五十幾萬，人工還沒算呢！這個是一個台中來的數學老師搭的，應該是為了妳搭的吧！」

數學女孩Sharon感動到淚眼汪汪，立即追問：「他人呢？」

店長：「他現在應該在睡覺。這幾天半夜他一個人搬著石頭，半夜裡施工，砸傷了好多次手和腳。我要幫他，他都不要，說他白天可以休息睡覺，叫我幫他照顧好這些石材就好。我問過他為什麼做這些？他說只要有一個人能為此心情平靜、為這個景拍一張照片，他就值得了。他怕妳這幾天離開，幾乎每天來做十三個小時的工作。有一次我以為他的手套染到紅色的東西，貼近一看才知道那全是血，他不像是能做這種粗活的人，這幾天真難為他了！」

數學女孩Sharon緊張的問：「他住哪？」

店長：「這我不知道耶，他今天要回台中了，只傳訊息告訴我，今天要把紅布解開，讓妳開心的拍照。」

數學女孩Sharon向店長借了部機車，就奔出必試咖啡……

愛情是心甘情願的一種享受

叩叩叩！叩叩叩！急促的敲門聲驚醒了魔數師Steven，開門一

看……

數學女孩Sharon一看到魔數師Steven忍不住飆出淚水。魔數師Steven蓬頭垢面，手指頭滿佈傷痕，走路一跛一跛，這就是魔數師Steven不與自己視訊的原因。看到他屋內的擺設，還佈置成台中住處的樣子，是用來和自己視訊用的。她找到魔數師Steven用了3小時51分鐘，那魔數師Steven找到自己呢？必須花費多少的精力？想到這裡，數學女孩Sharon大哭的叫喊出：「你這個笨蛋！」

魔數師Steven看到數學女孩Sharon手機上的（附近的人）功能：「怎麼這麼巧？妳在這裡幹嘛？」

數學女孩Sharon鼻涕眼淚一串串流下：「你明知故問，你這個笨蛋，笨蛋、笨蛋……」

魔數師Steven拿紙巾給數學女孩Sharon後，逕自到浴室梳洗，出來時兩人皆恢復了平靜。

魔數師Steven背對數學女孩Sharon裝忙，收拾那些假裝台中住處的佈景和自己的日用品。

數學女孩Sharon打破僵局說道：「你明知道我的心裡有著Martin，以你的條件可以找到一個完全愛你的女孩，這段時間我分不清楚我是喜歡你，還是把你當成他的替代，這樣對你不公平！」

魔數師Steven平淡的說：「我不要公平，我不在乎自己是不是Martin的替代，妳接受Martin的意外不是妳的錯，接受愛我不代表不愛他的邏輯，對我來說就夠了。愛情不是公平，愛情是心甘情願的一種享受。」

忽然……撲克牌啪啦掉滿地……

魔數師Steven原本靈活的巧手，撲克牌在他手中宛如孫悟空使金箍棒的熟練精巧。他吃力的撿拾掉滿地的撲克牌，數學女孩Sharon看到他那細白如女生的手，如今傷痕累累，傷疤一堆，有些傷口還在滲血，難過的從背後抱住魔數師Steven……

數學女孩Sharon：「你願意和我去玫瑰石花園拍張合照嗎？不代替誰，就是我和你的定情照？」

魔數師Steven：「我可以因為這句話告訴我們的小孩，是你媽先向我表白的嗎？」

數學女孩Sharon馬上被魔數師Steven逗的破涕而笑說：「喂～是你先說那個……圓周率的第325~327位（520）的！」

魔數師Steven：「對啊！我只說了數字，表示沒說出口啊！定情照是妳說的喔，哈哈！」

數學女孩Sharon：「那樣算是你先表白耶，你先追我的！」

擅長錯誤引導的魔數師Steven一直得意的大笑……

數學女孩Sharon像個小女生一樣：「你笑什麼啦！」

魔數師Steven：「重點根本不是誰追誰，是我說我要把這件事告訴我們的小孩，妳完全視為理所當然耶！哈哈哈！」

兩個人就在打鬧嬉笑中忘去之前的憂慮，乘著小摩托車，讓路旁美麗的小花隨風舞動著，似乎在為倆人的愛情道喜祝福……

Steven的魔數秘訣大公開

九宮格旅行解密

說明：把標記灰色底色的格子定義為偶數點。

5去三角：偶數（台灣）+奇數（5步）=奇數

從台灣出發奇數步，必定不會在偶數點上；所以拿掉泰國、菲律賓、日本，觀眾不會有人在這些地方。

泰國	新加坡	韓國
大陸	台灣 ✈	馬來西亞
菲律賓	印尼	日本

	新加坡	韓國
大陸	台灣 ✈	馬來西亞
	印尼	

5留正方：（從白色區）奇數+奇數（5步）=偶數

	新加坡	韓國
大陸	台灣 ✈	馬來西亞
	印尼	

下頁繼續

因此白色（奇數區）不會有人選擇，所以拿掉大陸和印尼。

	新加坡	韓國
	台灣 ✈	馬來西亞

4去頭頂：（從灰色區）偶數+偶數（4步）=偶數
去除白色（奇數區）的新加坡。

		韓國
	台灣 ✈	馬來西亞

3留右方：（從灰色區）偶數+奇數（3步）=奇數
依照以上口訣，按情境內容操作，必留在右方的馬來西亞。

		馬來西亞

第 **15** 招

魔王

子勛大師!!

大師您好,我是趙應輝,您還記得我嗎?昨天的飯局上有遞名片給您…

哎呀莊總,趙董今天是特別來跟您交個朋友的!就念在他輸了二百多萬,也繳了不少學費的情況下,幫趙董卜個撲克神算吧!

…請問趙董是做哪一行的?有什麼疑難,需要找我精算?

咳咳…大師,不瞞您說…

我最近搶一筆土地,但各路人馬來攪局,久聞大師神算,這局該怎麼玩,才能漂亮拿到這筆土地?

來,洗牌!!

趙董,請依著10、9、8、7…2、1這樣倒數,同步把牌翻開。若遇到口中數字和撲克牌一樣就停下來,如果這疊沒有遇到這樣的巧合,就多拿一張牌蓋住整疊牌,總共需要排成4疊。

子勛大師，我排好了。最後的牌面分別是5、7、0、8。

5+7+0+8=20，我不想涉入土地投資糾紛，你自己數到第20張，自己看別告訴我。最重要的一件事，找你的情人去標這筆土地案子，你知道的，我指的不是你的太太，切記！！

18、19…第20張是紅心K…

把5708乘以該張牌的數字，就是搶到這筆土地最划算的價錢。我估計這件事結束後，你有個大劫難逃，如果標到土地覺得我算得很準，再來找我解疑。

還有，別再來打撲克了，你玩得很爛…

謝謝大師指點…

Steven，看什麼看得這麼專心？

在看直播嗎？

喔～那個害死你學長Martin、賣黑心食品、利用人頭借貸讓陳宏傑的父母背債的土兀集團趙應輝…話說回來，趙董後來有標到土地嗎?

我在看之前請你幫我調查無良奸商趙應輝的側錄影片。

有，趙董以算出來的金額5708×13=74204，也就是7億4204萬的底標順利得標。

之後他視我為神算貴人，他也在我精算的布局下，讓手上的非法事證逐一的曝光，同時檢調也啟動了偵查。

獨家

代搶立委一標一夫一楊：爆料出姓征女趙!?密低友調

NewTV

無恥!!土兀集團趙董涉土地投資弊案

這個土地標案的魔數是怎麼做到的啊?

說明

操作的時候，一定要先示範從10唸到1同時發十張牌，並且記得第二張牌，以我跟趙董的那局為例，就是要記住紅心K。

接下來把那疊牌蓋起來，放到整堆牌的最下方，再交給趙董。

要特別留意，這時整副牌的倒數第九張就是預言的那一張牌，切記不能再洗牌。

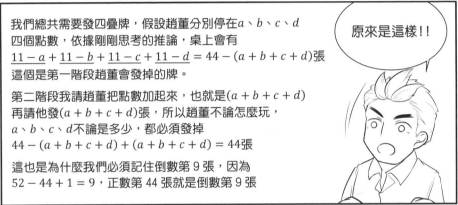

讓對方以為你很了解他
就能隨心所欲操控人心

上次魔數師Steven交給乘乘的資料，已經由乘乘從廣大的粉絲中，找到一位公路超高計算及佈設專業人員，進行Martin跌倒意外的彎道之計算核對。

起初，魔數師Steven從影片中看到Martin摩托車打滑，人往外飛，懷疑是路面傾斜度不夠；實際以速限、車速來看，並不是因為超高(tanθ)的設計不良。魔數師Steven亦利用相似三角形，藉由行車紀錄器的內容，計算出Martin當時車速只有30 km/hr，沒有碰撞、沒有道路設計不良，大家半信半疑這路上的抓交替傳說，難道是真的？

當然不是。除爸透過一些關係，發現那條彎道旁邊的廢墟，是一個聲名狼藉的營造業者留下的；散落路旁的建材、棧板、鋼筋，甚至是電線，都曾造成傷亡。這建商惡名昭彰的原因，更是因為最近幾次地震，大樓倒塌死傷慘重，才被媒體批露出來，惡質的事情不只這樣……

趙應輝，土兀集團董事長，因為社會形象差把本名改了二次，現在持續幹著黑心勾當。他聘年輕人當營建董事長、總經理，其實是利用人頭借貸，賣完預售屋則捲款潛逃。他的兒子使用化學藥品製造食用油、奶油等黑心食品；另外進口含鉛過高的廉價玩具，也

販賣不合格但是造型吸睛的安全帽。

Martin的機車，就是撞到丟在路旁的營建廢料，車子才會打滑；而頭上的安全帽是土兀集團的製品，車速雖不快，但沒確實保護頸椎。學生陳宏傑的父母，也是遭到人頭利用的受害者；為了還錢，四處打零工做粗工還債，累倒在工地而造成死亡意外。Martin的媽媽相信感人又標榜健康的食品廣告；但是使用的食用油根本是不能添加於食物的化學藥品，會造成癌症或其他免疫力破壞。而這樣的黑心人，卻住著豪宅、開著名車，用拆碎一個個美好的家庭來換取奢華的享受。

近期在上流企業宴會現場，出現一位神人。他不可一世的氣質、高傲的態度，在宴會上非常吸引目光，合身的名牌西裝、手上的名錶、高級的眼鏡，刷亮的皮鞋，一舉手投足，名媛貴婦、政商名流無不關注及「預約」這位大師。這個人是一個股票操盤手，大家都知道他財富累積，皆靠股市、期貨的精準預測而來，他有一個特殊專才，就是撲克神算，很多人都希望在飯局中認識他，求他進行撲克占卜，但是那些能讓他占卜的有緣人，都是和他玩德州撲克的牌友。

趙應輝遞上名片，這位大師「子勛」敷衍的接過名片，連招呼都沒打就轉身離開。隔天在德州撲克牌局裡，才重新認識、略顯熱絡。趙應輝在牌局中輸了二百多萬，但是他不在意，他的目的是和子勛攀談，希望能見證撲克神算的精妙。

王董（曾經撕了除爸名片，現在是除爸的合夥夥伴）知道趙董的目的，故意向子勛說：「莊總，趙董今天學費也繳不少了，您就幫趙董卜個撲克神算吧？」

子勛看王董面子也不好推辭，就問趙董：「趙董做哪一行的？有什麼疑難，需要我精算？」

趙董支開所有的牌友，單獨和子勛留在牌桌前，小聲的說：「我最近搶一筆土地，但是不知道為什麼，這次多了各路人馬來攪局，我本來以為十拿九穩，沒想到多這麼多搶標的人。我想拿下這個案子，久聞大師神算的事蹟，可否幫我算出我這局怎麼玩，才能漂亮拿到這筆土地。然後⋯⋯」

子勛打斷趙董，把撲克牌推向他說道：「來，洗牌！」

計算出最划算的土地標價

趙董牌洗好後，子勛教他，10,9,8,7⋯2,1這樣倒數，同步把牌翻開，若遇到口中數字和撲克牌一樣就停下來。如果這疊沒有遇到這樣的巧合，就多拿一張牌蓋住整疊牌，總共需要排成四疊。

$Sin (\alpha \pm \beta) = Sin\alpha \cos\beta \pm \cos\alpha \sin\beta$

趙董照做，牌面分別是5、7、0、8。

子勛：「5+7+0+8=20，接下來為了避免商業機密外流，而且我也不涉入這種土地糾紛，你自己數到第20張，自己看！別告訴我，牌都是你洗你發的，看完就洗亂，千萬別給別人知道。最重要的一件事，找你的情人去標這筆土地案子，你知道的，我指的不是你的太太，切記！」

趙董對於子勛的細心非常感佩，覺得子勛比自己還慎重小心，於是小心翼翼數到第20張，自己看了看牌後把整堆弄亂，那張牌是紅心K！

子勛：「把5708乘以該張數字，就是你可以搶到這筆土地最划算的價錢。我幫你到這裡，這件事結束後，你還有個大劫難逃。如果覺得我所算得精準，你再找我解疑；如果不準，你也就不須再找我算了。另外，不要再來打撲克了，你玩得很爛！」

趙董內心五味雜陳，這年輕人沒禮貌但是又有本事，姑且寧可信其有，先解決下周的開標吧！

第十五招

魔王變法大解密

嘴巴唸
10.9.8.7.6…
邊發牌,
記住第二張!
(唸9的這一張)

在故事中,子勛大師故意不看那一張,其實他知道趙董必定發到這張牌。
如果是變魔數,把牌交給觀眾時就可以寫下預言「紅心K」。

示範的時候,一定要從10唸到1,確保
你記得的牌(這裡圖片是紅心K)在
倒數第9張。

示範完,把那疊示範的牌蓋起來,放到
整堆的最下方,交給觀眾。

(這時整副牌的倒數第9張就是預言,
不能再洗牌了,請觀眾開始操作。)

10,9,8,7…2,1這樣倒數，同步把牌翻開。若遇到口中數字和撲克牌一樣就停下來；如果這疊沒有遇到這樣的巧合，就多拿一張牌蓋住整疊牌，總共需要四疊。

依據隨機的牌面，將四個數字加總，發牌到該位置。

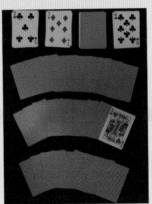

這是一個自動化魔數，只要依照這樣操作，必定會出現你一開始偷記的那張牌。

（完整數學原理，可參閱本章Steven的魔數秘訣大公開說明（詳見P245），你也可以在閱讀前，想一想它的數學精妙之處。）

注意事項：

這個魔數有個問題，如果四疊都沒數字，都是以蓋住的牌當作0，這樣的狀況會使魔數不神奇！筆者的兒子在11歲時想出解決方法：

當發現前三堆都是0時，告訴觀眾第四堆不需把牌打開，由他自己選擇停的位置，譬如數到6停下來，那這張就是6，0＋0＋0＋6＝6，即打開第6張，仍然為魔數師的預言。

第十五招

故佈疑陣以智取勝

趙董把5708×13＝74204，也就是7億4204萬的底標，果然順利得標。大家誇趙董神算，只比第二名競爭者多出四萬元，真的太厲害了。只是這個大案子，派個小女生來投標，也太匪夷所思了，這件事很快就在業界傳開。

果不其然，趙董開心地打電話找子勛大師道謝，並急著詢問大劫的事情。

此時，魔數師Steven的電話響起，他淡定的接起電話說：「恭喜趙董，幾百億的利潤你花了七億就拿到了，恭喜恭喜！」

隔天，趙董私人招待所美女佳餚滿堂，桌上更是疊滿現金，趙董示意房內的人全部離開：「我說那個莊總啊，咱們就不玩德州撲克了，您想拿多少就拿吧！我玩得爛就不賭了。倒是這個大劫，您可得給我指點指點！」

子勛：「趙董，這些買你的大劫可便宜了，但是你收起來吧！關於錢，我還真的不缺呢！我的財力不會輸給你的，你也太小看我了吧！」

趙董哈哈大笑，眼前的這個年輕人果然非常不凡，剛剛那些美女和這些金錢都不能誘惑到他，可見此人可以結交，不需擔心他的貪念：「莊總您別誤會，您的名聲在企業界是個傳說人物，這些錢是幫您準備，給您打賞廚師、服務人員用的，您等一下別客氣，給底下的人一些福利啊！」

子勛微笑的說：「好吧！言歸正傳。先說小劫，你兒子和你

老婆的人頭帳戶轉了你不少錢，你可以默默把錢轉到自己名下了，別打草驚蛇，否則你遇到大劫就難防了。另外大陸現在開始限縮外來產業發展，先派你兒子把食品工廠遷到大陸去，一方面是壯大企業，一方面是拔權，避免他和你老婆繼續洗你的錢。」

子勛：「至於大劫嘛！你必須要找一個不貪財、可以完全信任的人，才可以幫到你。你找到這個人快告訴我，這個人千千萬萬不能是用錢收買、或可被收買的人，否則你大劫難逃。」

趙董這下急了，他這種自私自利的傢伙，身邊根本沒有這種人。他思考了一下說：「大師，就您了，這些事我不可能信任別人，您可以當這個人嗎？」

子勛略顯生氣的說：「我？這什麼要求！你開什麼玩笑，我們非親非故，幫你到這就已經很了不起了，竟然還找我跑腿，你有沒有搞錯啊！」

趙董雙手合十求道：「拜託了，我信任您啊，大師！」

子勛驚訝的看著他手上的佛珠說：「這佛珠你哪來的？這是家父當年在異鄉破產潦倒，一位台商宗親會的企業家給予十全的資助，他親手雕刻透過當時的理事長送給他的。你

照我的神算去做，你就能趨吉避凶。

知道那些珠子上的佛像是我父親一顆顆雕琢的嗎？你不會就是我家的恩人吧？我找您好久了，難怪我的神算撲克牌告訴我近日貴人出現，沒想到就是趙董。」

趙董驚訝後回神說：「確實是一位故人送我的，我也沒做什麼！你知道的，錢嘛！就是有幾個閒錢可以幫幫人，我也不在意，早就忘了。是因為這個佛珠很美，一些企業家有宗教信仰，我帶著好看又有共同話題，真的沒特別在意這佛珠。」

子勛態度一百八十度轉變：「沒想到您是我們家的恩人。趙董，您的事只剩一個月，最近我會幫您好好算算，給您鋪一條康莊大道，讓您無後顧之憂。」

回到家後的魔數師Steven，倒了一杯威士忌；兩顆冰塊清脆的作響，彷彿在慶祝些什麼。

做生意貴在秘密、神速，這兩個重點就是勝利的要素，為什麼這次土地標案會那麼多人插手？為什麼一定要情婦執行這個標案？為什麼佛珠在趙董的手上？王董和除爸可是這件事的大功臣呢！

Steven的魔數秘訣大公開

計算行車的安全速度、車行速度
和預言魔數數學

一、車子在過彎道時的安全速度，與彎道的傾斜、半徑、摩擦力的相應關係

(1)在有摩擦阻力作用的實際路面，作半徑為R轉彎時，車行安全速度應為何？

車子的速度過大時會向外側偏離，此時地面對輪胎的靜摩擦力應指向內側；若車子以最大速度行駛，此時應為最大靜摩擦力。

$$\Sigma F_y = 0 \rightarrow N\cos\theta = f_{s\,max}\sin\theta + mg = \mu N\sin\theta + mg$$

$$\therefore N = \frac{mg}{\cos\theta - \mu\sin\theta}$$

$$F_c = \Sigma F_x \rightarrow F_c = N\sin\theta + f_{s\,max}\cos\theta = N\sin\theta + \mu N\cos\theta$$

$$\therefore \frac{mv_{max}^2}{R} = N(\sin\theta + \mu\cos\theta) = \left(\frac{\sin\theta + \mu\cos\theta}{\cos\theta - \mu\sin\theta}\right)mg$$

$$\rightarrow v_{max} = \sqrt{\left(\frac{\sin\theta + \mu\cos\theta}{\cos\theta - \mu\sin\theta}\right)gR} = \sqrt{\left(\frac{\tan\theta + \mu}{1 - \mu\tan\theta}\right)gR}$$

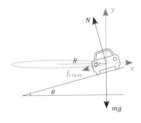
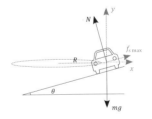

(2)車子的速度過小時會向內側偏離，此時地面對輪胎的靜摩擦力應指向外側；若車子以最小速度行駛，此時應為最大靜摩擦力。

$$\Sigma F_y = 0 \rightarrow mg = N\cos\theta + f_{s\,max}\sin\theta = N\cos\theta + \mu N\sin\theta$$

$$\therefore N = \frac{mg}{\cos\theta + \mu\sin\theta}$$

$$F_c = \Sigma F_x \rightarrow F_c = N\sin\theta - f_{s\,max}\cos\theta = N\sin\theta - \mu N\cos\theta$$

$$\therefore \frac{mv_{min}^2}{R} = N(\sin\theta - \mu\cos\theta) = \left(\frac{\sin\theta - \mu\cos\theta}{\cos\theta + \mu\sin\theta}\right)mg$$

$$\rightarrow v_{min} = \sqrt{\left(\frac{\sin\theta - \mu\cos\theta}{\cos\theta + \mu\sin\theta}\right)gR} = \sqrt{\left(\frac{\tan\theta - \mu}{1 + \mu\tan\theta}\right)gR}$$

第十五招

∴由（1）、（2）可得：$\sqrt{\dfrac{gR(\sin\theta-\mu\cos\theta)}{\cos\theta+\mu\sin\theta}}\le v\le\sqrt{\dfrac{gR(\sin\theta+\mu\cos\theta)}{\cos\theta-\mu\sin\theta}}$ 或：$\sqrt{\dfrac{gR(\tan\theta-\mu)}{1+\mu\tan\theta}}\le$

$v\le\sqrt{\dfrac{gR(\tan\theta+\mu)}{1-\mu\tan\theta}}$

二、利用相似三角形，求出影像中的車行速度。

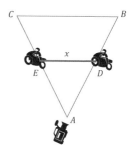

利用攝影機位置、找尋機車擋住的明顯標的物B、C

線段$\overline{ED}$行進路線平行標的物線段$\overline{BC}$

線段$\overline{AD}$：線段$\overline{AB}=x$：線段$\overline{BC}$

可得x的長度（距離），再由攝影機的時間記錄（時間），距離÷時間＝速率

三、預言魔數的數學

1.思考

我們先思考，若口中唸10剛好是10，桌上有1張。

口中唸9剛好發牌為9，桌上應該有2張

口中唸8剛好發牌為8，桌上應該有3張

口中唸7剛好發牌為7，桌上應該有4張

口中唸6剛好發牌為6，桌上應該有5張……

口中唸x剛好發牌為x，桌上應該有？張

發現了嗎？應該有11－x張。

2.推理，設代數！

我們總共需要發四疊牌，假設分別停在a、b、c、d四個點數。

依據1.思考的推論。

桌上有$11-a+11-b+11-c+11-d=44-(a+b+c+d)$張，這個是

第一階段需要發掉的牌。

第二階段我們請觀眾把點數加起來，也就是$(a+b+c+d)$，再請他發

$(a+b+c+d)$張，所以觀眾不論怎麼玩，a、b、c、d不論是多少，都必須發掉

$44-(a+b+c+d)+(a+b+c+d)=44$張。

所得結論是44為定值，怎麼玩都會發到第44張。這也就是為什麼我們必須記住倒

數第9張，因為$52-44+1=9$，正數第44張也就是倒數第9張。

第 **16** 招

陷計

Steven你太厲害了!陷計讓無良商人趙應輝落網,但我還是不理解,為什麼要派趙應輝的情婦去標案?

我也想問問,為什麼要我做那個特製的衛星定位佛珠呢?

先讓情婦曝光,再請小加利用媒體渲染報導,加快老婆爭產的動作,讓趙應輝分心…

再利用趙太太非常迷信這點,我請Sharon扮成塔羅牌大師,告訴她佛珠可以讓老公回心轉意,她花了三十萬買一串佛珠,還覺得非常便宜呢!

除了掌握趙應輝行蹤,以及拿30萬給阿減和小加去馬來西亞當旅費外;佛珠是我設計的,世界上只有一串,我拿來說是自己父親刻給恩人的,更讓趙應輝相信我真心幫他…

…真是高招

Sharon展示感知她老公出現的地方,她看完這些奇蹟,現在對塔羅大師只有讚嘆、感恩…

接下來就換我接手!!我已經寫好一篇篇的商品比較文,利用我的粉絲專頁,持續曝光他們的黑心貨…嘿嘿～

對了Steven，為什麼你要讓趙應輝把錢轉到自己名下，有什麼目的？

檢調啟動專案後，就會把所有的帳戶凍結，若他利用老婆、情婦、小孩將他的錢洗出，黑心錢就追不回來了，現在他全握在手裡，只是方便最後一把火燒乾淨罷了！

我有一點不太懂…

恩人、佛珠這件事，如果他誠實的說是太太送給他的呢?

我會跟他說，這可能是老天爺要我幫你，一切皆是天意！
以他這麼狡猾，又急於求助的狀態，他會利用話術順水推舟的機率是極高的…

這一次能夠順利將趙應輝繩之以法，主要關鍵在使用了陷計魔術！

我緊急通知趙應輝，約他到機場會合，雖然我拿出了菲律賓、馬來西亞、泰國三個國家的紙幣，但趙應輝去馬來西亞是我控制的…

馬來西亞政局動盪，只要有毒品就能判他死刑，我早已在那裡布好局，才會讓小加去跑獨家新聞。

這張是我在遊戲開始前寫的預言，乘乘麻煩請妳大聲唸給大家聽。

我拿筆、你拿鑰匙，口袋是錢…
唉唉唉！！！

這是數學結合語言後，而產成出的有趣話術。

舉兩個例子：
第一個，如果乘乘拿筆和鑰匙。我會說因為紙鈔是選剩的，我先收起來，並把鈔票放到口袋，然後請乘乘拿一個物品放我手上。如果乘乘給我筆，我就自己打開預言並唸出來；如果乘乘給我鑰匙，則請乘乘打開預言並公布出來。不論哪一種情況，都完全符合所寫的預言內容。

第二個是乘乘拿鈔票和鑰匙。我會繼續說，把比較想要的那隻手放在胸前，另一隻手放下！如果乘乘把錢放下，鑰匙在胸前，我會說乘乘果然選鑰匙，請把錢先放到口袋。然後我再打開預言向大家報告。

大家發現了嗎?數學可以告訴我們，選擇的多樣化；語言可以告訴我們，選擇的制約化。

這個強大的語言與數學的結合！會讓你的話術更有力量呢！

Steven好賊…但太令人佩服了！

把這招學起來！！

透過主客易位的誘導式對話
就能牽引結果往設定方向走

除爸：「為什麼要派他情婦去標案？」

魔數師Steven：「只是為了讓他的情婦曝光，我請小加利用媒體聚焦，他的老婆就會加快爭產的動作，夠趙應輝分心的了。」

阿減：「為什麼要我做那個特製的衛星定位佛珠？」

魔數師Steven推了推眼鏡，認真的說：「兩個目的，第一，他的老婆非常迷信，我請Sharon扮成塔羅牌大師，告訴她佛珠可以讓老公回心轉意，她花了三十萬買那一串還覺得便宜呢！另外Sharon展示感知她老公出現的地方，她看完這些奇蹟，現在對塔羅大師只有讚嘆師父、感恩師父呢！這件事實際的用意在於掌握趙應輝行蹤，以及拿三十萬給阿減和小加當馬來西亞的旅費。第二，那個佛珠是我設計的，世界上只有一串，我拿來說是自己父親刻給恩人的，更讓趙應輝相信我真心幫他。」

乘乘：「接下來，換我出場吧！我已經寫好一篇篇的商品比較文，利用我的粉絲專頁，持續曝光他們的黑心貨。」

小加：「為什麼要讓趙應輝把錢轉到自己名下，有什麼目的？」

魔數師Steven：「檢調啟動後，就會把所有的帳戶凍結，若他利用老婆、情婦、小孩將他的錢洗出，黑心錢就追不回來了，現在他全握在手裡，只是方便最後一把火燒乾淨罷了！」

乘乘：「我有一點不懂？恩人、佛珠這件事，如果他誠實的說是太太送給他呢？」

魔數師Steven：「話術改變即可，我可以告訴他，可能是老天爺要我幫你，一切皆是天意！以他這麼狡猾，又急於求助的狀態，他會利用話術順水推舟的機率是極高的！」

乘乘：「有這種事？」

不可思議的心靈魔數

魔數師Steven在紙上寫了幾行字，然後說：「我這裡有一張預言，手上有三樣物品。有筆、100元紙鈔、鑰匙。請妳選擇兩樣物品拿走。」

乘乘拿走100元和筆。

魔數師Steven：「把比較想要的那隻手放在胸前，另一隻手放下。」

乘乘把100元放胸前，把筆放下。

魔數師Steven：「妳果然比較喜歡100元，請放妳的口袋。」

乘乘把100元放到口袋。

魔數師Steven：「請打開那張預言，大聲唸給大家聽。」

乘乘小心打開，瞪大眼睛唸：「我拿筆、你拿鑰匙，口袋是錢。」

大家大聲驚呼，要魔數師Steven快點破解這個心靈魔數！

陷計變法大解密

我 **拿筆**

你 **拿鑰匙**

口袋是錢

這個預言中的你、我，會因為誰唸這個文字，而產生主詞上的不同。

範例：

1.乘乘拿了筆和鑰匙

這時候魔數師Steven會把鈔票放到口袋，說：「因為這個是選剩的，我先收起來，請妳拿一個物品放我手上。」

如果乘乘拿了筆，魔數師Steven自己打開預言（成功）。

如果乘乘給了鑰匙，請乘乘打開預言（成功）。

2. 乘乘拿了鈔票和鑰匙

魔數師Steven會繼續說：「把比較想要的那隻手放在胸前，一隻手放下。」

如果乘乘把錢放下，鑰匙在胸前。

魔數師Steven：「妳果然選鑰匙，請把錢先放到口袋。」

魔數師Steven自己打開預言（成功）。

大家可依據故事及上述兩個例子，進行模擬練習。

從縝密布局到完美收網

魔數師Steven（子勛）告訴趙應輝，訂好各國機票，不要先決定飛往哪裡，也不要告訴任何人想去哪裡，包含魔數師Steven（子勛）自己。

趙應輝這幾天已經受到注意，一些現金和貴重物品不方便存，大量金條、鑽石皆放魔數師Steven（子勛）家裡保險箱，因為所有事情一一應驗，趙應輝非常信任魔數師Steven（子勛）。

而這些，從頭到尾都是魔數師Steven一手安排，包括搶標競爭者、媒體爆料、檢警追查，都是魔數師Steven的陷阱。

魔數師Steven內心掙扎著，要逼他進入絕境嗎？還是放過他……

看了手機裡和乾媽的互動，想起告別式當時的哀戚，想起最愛的女孩傷心難過、想起學生宏傑成為孤兒、想起學長的車禍意外。魔數師Steven的心正上演著惡魔與天使的爭鬥！

魔數師Steven緊急告訴趙應輝，機場會合，現在不出去就來不及了。趙應輝帶著數張機票趕往機場，魔數師Steven貼心地幫趙應輝備好隨身行李及多國現金、美金。趙應輝感動不已，魔數師Steven拿出三個國家的紙幣，分別是菲律賓、馬來西亞、泰國，要趙應輝任取兩張。他取走了菲律賓、泰國……

魔數師Steven：「留下馬來西亞！就去馬來西亞吧！快走，等發布通緝，就走不了！您那些建案、詐欺、土地糾紛、黑心食品，足夠您關好幾年了！特別是地震後那些建物壓了幾條人命，要脫身不容

易，快走吧！您那些在我保險箱的東西我會去鑑價，幫您換成現金，到了落腳地別告訴我，用通訊軟體給我帳戶，我匯去給您。」

經過五小時後，台灣檢調單位啟動專案。但是趙應輝已經安全降落馬來西亞，魔數師Steven怎麼會幫助這個大魔王？難道是為了錢？

小加和阿減的商務艙就坐在趙應輝的隔壁，小加邊拍照邊竊笑，選機票的心理控制，根本是魔數師Steven的魔法，一下飛機，趙應輝看著台灣的即時新聞，面露微笑……

而那股陰險的笑，就在提領行李時，變成哭喪的扭曲表情，正是一切黑心事件的報應！趙應輝身上的背包和行李箱全是假鈔。阿減舉報行李箱為特製，這個非常有設計感的行李箱，外殼夾層藏有海綿，海綿的縫隙全是毒品，最外層以特殊的膠狀物包覆。阿減知道膠狀物的隔絕特性，因為那是他的實驗室專案新產品，耐熱的防火膠，凝膠後具有輕薄體積小的特性，並具備良好彈性、阻隔性。藉由阿減的支援與專業知識，小加作了一個非常詳盡的獨家專業報導。此時台灣媒體正報導網路酸民譏諷檢調慢半拍、法官恐龍。小加的這則新聞使整個社會震撼而痛快，惡人有惡報果然應驗！斗大的即時標題一直在小加所屬媒體報導，各家媒體也複製跟進：「黑心商人離台脫罪，馬來死罪難逃！」網友留言：「台灣有路你不走，馬來無門闖進來。」

直到這一刻，趙應輝才知道，子勛大師完全是衝著自己布下這個局！同時大陸方面也因為台灣新聞，大舉搜索檢察土兀集團在大陸的食品公司；若檢查出黑心添加，則趙應輝的兒子也將面臨牢獄之災、甚至死罪！

趙應輝看到自己行李箱的名牌，是魔數師Steven幫他別上去。

正面是「土兀」、背面是「王八」，這是子勛大師最後一次為他的集團測字。

Steven的魔數秘訣大公開

三物強迫選擇

「三物強迫選擇」的預言非常神奇，感覺一切隨機，卻是數學和語言交織的神奇火花。

三物選二物

$C(3,2) = 3$；共有三種選擇。

所以故事中的例子加上操作的例子，是觀眾會先取兩個物品的可能情形。

換句話說，除了鈔票，我手上的物品有兩種可能性，只要把主客易位，剛好有兩種組合，藉由數學排列組合數的推敲，加上言語的誘導，一張紙就能掌握最後的結果。

如果有四樣物品，如何迫使對方選一？

假設有ABCD，想讓他選到A。

先二分，請他拿走2個，$C(4,2) = 6$，有6種情形。

但是我們專注在A；對我來說只有2種，一種是在他手上、一種是在我手上。

若A在他手上，請他最後做一個選擇，伸出一隻手推其中一物。

若推A，我們就說：好！A是你的選擇。

若推B，我們就說：好！A是你選擇後留下的。

若A在我手上，我會說：好，我們留下了這兩樣，請幫我最後做一次選擇。

若選A，我們就說：好！A是你最終的選擇。

若推B，我們就說：好！A是你選擇後留下的。

發現了嗎？

數學可以告訴我們，選擇的多樣化；語言可以告訴我們，選擇的制約化。

這個強大的國文與數學的結合，是否讓你對話術有更深一層的認識呢？

這不是超能力
但能操控人心

魔數術學

Note

$\sin(\alpha \pm \beta) = \sin\alpha \cos\beta \pm \cos\alpha \sin\beta$

快快快寫下魔
數筆記!

秘

第17招 騙數

哎呀～大家太客氣了…怪害羞的…

怎麼了？除爸…

Steven…我想做一件事，希望你能為我集氣…

乘乘，從現在開始讓我來照顧妳！

我收集了100張0001號碼牌，妳是我的第一也是唯一，我想成為妳的第一號工具人！！

天啊好浪漫，是我就嫁了！！

討厭啦…怎麼這麼突然…

那…那個，我也要跟小加告白！！
妳在我心中是世界第一…

哈哈，今天大家要真心話大冒險，那我們應該來玩一個遊戲！

現在我先發牌，乘乘四張Q、除爸四張K；小加四張A、阿減四張J：Sharon四張2、我拿四張3。請各位將牌面朝上放在桌上，同時左手手心也朝上。

注意注意～現在請大家移動位置，分散到各個角落，聽我的命令操作，不許看到別人的牌喔！

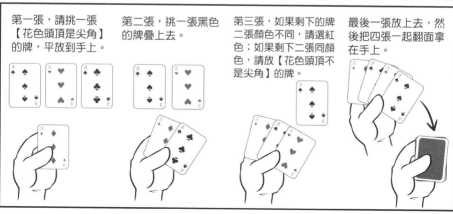

第一張，請挑一張【花色頭頂是尖角】的牌，平放到手上。

第二張，挑一張黑色的牌疊上去。

第三張，如果剩下的牌二張顏色不同，請選紅色；如果剩下二張同顏色，請放【花色頭頂不是尖角】的牌。

最後一張放上去，然後把四張一起翻面拿在手上。

心有靈犀的心理騙術
借勢用勢完美收服人

他們六人聚在一起開紅酒慶祝。數學女孩Sharon最近和魔數師Steven出雙入對，羨煞旁人的耀眼甜蜜，閃得大家想戴太陽眼鏡。

乘乘：「當老師真好，寒暑假這種假期都能黏在一起。」

數學女孩Sharon故作無辜狀說：「才沒有呢！他前幾天消失一整天，整天不理我、也不說去哪裡。」

魔數師Steven推了一下眼鏡，放出殺氣的眼神：「我去送機！送一個不能再回台灣的人。」

所有人不敢再問下去，大家都知道發生什麼事，更知道魔數師Steven在研究所時期，曾對抗過詐騙集團組織。他擁有暗黑的另一面，是高竿的「騙數」，可以天使惡魔交替，一念天堂、一思地獄的控制人心！

乘乘換個話題，舉杯笑說：「感謝Steven，我的行李箱賣到缺貨，不論是馬來西亞、台灣，大家都對那款行李箱保持高度詢問度。現在大陸有公司來談合作案，東西賣到斷貨，工廠已經趕工，網路人氣更是居高不下，都出現黃牛了！」

最近染了金髮的阿減也舉杯：「讚嘆Steven，我因為這個新的耐火膠實驗商品，受到媒體報導及公司長官重視，現在既升官又發

財，下週上班日，職稱就是實驗室主任了。」大家也一起舉杯恭賀阿減。

小加勾著魔數師Steven的手舉杯，對臉紅的魔數師Steven說：「感恩Steven，我能搶下獨家當上主播，都是你的功勞。謝謝你常常到粉絲團留言，偷偷當我鐵粉，幫我在粉專裡打臉那些攻擊我的言論，我知道那個帳號就是你。」

魔數師Steven害羞抓頭說：「沒有啦！那帳號是我和阿減共用的！我負責編寫打臉文，阿減負責肉搜有圖有真相。哈哈，竟然被妳發現。」

除爸舉杯先乾為敬：「謝謝Steven，我工廠因為乘乘的行李箱而利潤大增，你還教我很多業務型互動魔術，又把那塊地從趙應輝那轉標到我和王董手上，讓我口袋飽飽、事業扶搖直上，我今天要做一件厲害的事！」

除爸冷不防親了魔數師Steven一下，然後大聲說：「我要向乘乘告白！」

魔數師Steven一直擦臉大叫：「那親我幹嘛！」

這句話逗得所有人哈哈大笑，只有乘乘瞪著除爸嘟喃幾句，小聲的說：「是喝多了吧！」

除爸拿出身上好多張號碼牌，有郵局、銀行、政府行政單位、餐廳……等，除爸把它們排好在桌上，竟然全部是0001號，除爸開口說：「乘乘，妳的便當我來買、妳的起居我來照顧、妳的貨物我來送、妳的一切我包了，因為妳是我的第一也是唯一，妳曾說，追妳的人領號碼牌都不知領到幾號了？不管號碼牌排到哪裡，我都願意等、願意排。相信我，我願意成為妳的第一號工具人！」

第十七招

好揪心的告白，現場所有人幾乎深受感動，但乘乘似乎有難言之隱，只是紅著眼眶、低著頭。

魔數師Steven見狀趕快說：「好浪漫喔！這根本不用排隊啊！肚皮舞只有你看過耶，我們才是都還在排隊呢！」此話一出，逗得乘乘嘴角咧到太陽穴了，魔數師Steven就是有這樣的魔力。

金髮阿減也不知道什麼時候戴上藍色瞳孔放大鏡片，並露出苦練數月的胸肌，對著小加說：「妳喜歡金髮帥哥，我可以為妳染！妳喜歡藍眼的魅力，我可以為妳戴。只有一件事我辦不到，那就是……不喜歡妳！」

小加發出少女初戀的羞怯和喜悅，直呼：「阿減好帥好帥喔！」

真心話大冒險的魔數上演

魔數師Steven帥氣拿出撲克牌說：「今天大家要真心話大冒險就對了！那我們應該來玩一個遊戲。」

魔數師Steven把牌發給大家。乘乘四張Q、除爸四張K；小加四張A、阿減四張J；數學女孩Sharon四張2、魔數師Steven自己拿四張3。大家覺得魔數師Steven都把王牌給別人，自己和女友拿小小的2和3，真是很貼心。

現場只有數學女孩Sharon懂得它的涵義，2和3是唯一一對連續的質數，數學女孩Sharon露出會心的一笑，因為她拿的2，是唯一偶數的質數，代表著她是魔數師Steven的唯一而且特別。

$\sin(\alpha \pm \beta) = \sin\alpha \cos\beta \pm \cos\alpha \sin\beta$

　　魔數師Steven要大家分散到各個角落，聽自己的命令行事，不許看到對方的牌。

　　魔數師Steven：「國王和皇后一組、A咖主播和帥氣王子一組、最特別的質數2和我一組。我們要玩緣份遊戲，請大家背對背，專注在自己手上的牌。」

　　魔數師Steven：「把四張牌的牌面朝上放在桌上，左手手心朝上。」

　　魔數師Steven大聲說：「請大家等一下以牌面朝上方式把牌放到手上。預備，第一張，請挑一張【花色頭頂是尖角】的牌，平放到手上。」

　　魔數師Steven：「第二張，挑一張黑色的牌疊上去。」

　　魔數師Steven：「第三張，如果剩下的牌兩張顏色不同，請放紅色；如果剩下的牌兩張同顏色，請放花色頭頂不是尖角的牌。」

　　魔數師Steven：「最後一張放上去，然後把四張一起翻面拿在手上。」

　　後續步驟如下：

❶ 把第一張打開

❷ 任意切牌數次

❸ 將第一張翻面

❹ 將第一張及第二張牌一起翻面(拿著前兩張牌一起翻面)

❺ 將第一張、第二張、第三張牌一起翻面(拿著前三張牌一起翻面)

接下來，是見證奇蹟的時刻！

拿出手上那張和其它三張不同面的牌，放在自己的胸前。請大家從背對背轉回面對面，然後打開胸前的牌，只要心有靈犀，那張牌的花色必定和對方一樣。

這六人深情的看著對方，因為他們手中花色，都互相對應……

騙數變法大解密

只要照著以下的步驟做，最後唯一不同向的花色，必定是紅心！

把四張牌的牌面朝上放在地上或桌上，左手手心朝上。

A)第一張，請挑一張【花色頭頂是尖角(♠♦)】的牌，平放到手上。

B)第二張，挑一張黑色的牌疊上去。

C)第三張，如果剩下的牌兩張顏色不同，請放紅色；如果剩下的牌兩張同顏色，請放【花色頭頂不是尖角(♣♥)】的牌。【註1】

D)最後一張放上去，然後把四張一起翻面拿在手上。

接下來的操作步驟如下：

1.把第一張打開。

2.任意切牌數次。

3.將第一張翻面。

4.將第一張及第二張牌一起翻面(拿著前兩張牌一起翻面)。

5.將第一張、第二張、第三張牌一起翻面(拿著前三張牌一起翻面)。

最後結果一定有一張牌不同面，就是紅心！

註釋

【註1】
這裡不可能有梅花♣的選項，因為第二張是黑色牌，根本不會有兩張黑色的存在，所以第三張怎麼選都是紅心。

不能說的秘密

在甜蜜的背後，乘乘的幾分憂愁讓魔數師Steven掛心。回到各自屋裡，數學女孩Sharon對魔數師Steven說：「乘乘是家裡的獨生女，曾與豪門論及婚嫁，她在車禍後發現自己是不孕的，就和當時是獨子的男友取消婚約。這件事應該是她的顧慮，所以才遲遲沒接受除爸吧！」

魔數師Steven：「哇！妳好八卦喔！妳怎麼知道這件事？」

數學女孩Sharon：「乘乘多金會開車但沒有車，她看著那一張張編號為0001的卡片，明顯感動卻不大方接受。她沒小孩卻常分享孩子用品，從嬰兒用品到學齡的科普叢書都有，這足見她關心孩子的安全、教育。我曾用統計的方式分析她的介紹品項，發現和她生活狀況不符的親子用具高達15.6%，而這些東西也因為她的身分不符，很多人質疑是業配文，反饋率是她的介紹品項中最低的。可是她卻樂此不疲，可以推理出她很重視孩子。我後來查閱她以前資料，前男友是五年前娶女明星的富二代，因為八卦雜誌有提到她，我才知道她出了車禍不孕。」

魔數師Steven：「妳是神探女孩吧！這種問題到這裡就不是數學女孩或數學男孩能夠解決了。我們頂多告訴除爸這件事，然後衷心祝福有情人終成眷屬。對了，我剛剛一直注意到妳的眼睛有一點問題耶！請問令尊的職業是小偷嗎？」

數學女孩Sharon：「你說什麼東西啦！你才小偷！」

魔數師Steven：「那為什麼他可以把天上的星星摘下來放到妳的臉上，以後孩子眼睛拜託一定要像妳，別像我！」

數學女孩Sharon：「哈哈！我才不會上當。我如果說對，就是承認要嫁你、和你生小孩。你這個笨蛋，別想騙我兩次，油嘴滑舌，哼！你到底騙過幾個女生？」

魔數師Steven：「唉！最近好倒楣，賭什麼都輸妳；但其實我不服氣，我是輸在運氣……」

數學女孩Sharon說：「為什麼？」

魔數師Steven：「因為我的好運都用光了，都用來遇見妳、愛上妳。」

這句話真是甜到數學女孩Sharon的臉紅腫脹，魔數師Steven皺著眉慢慢的接著說：「妳會注意乘乘也是因為吃醋吧！我曾告訴妳，我想拿乘乘的交換禮物，乘乘又常開我玩笑作勢親我，妳會注意她，不就是因為這些嗎？我未來會在舉止上注意一點，一方面是在意妳的感受、一方面是顧慮除爸的感受。我和乘乘認識久了，是姐弟情深，相信妳看的出來。我也希望小孩可以認她當乾媽，她那麼愛小孩卻又不能擁有孩子，我很替她遺憾難過，但我尊重妳，妳如果介意我一定尊重妳！算了，當我沒提，妳既然會在意我對她特好，我就不該提的！還是讓小加和阿減的孩子給她當乾兒子、乾女兒吧。」

數學女孩Sharon有點急的說：「我又沒說不願意或介意，我們小孩認她這千金小姐當乾媽可幸福了！我不會介意或吃醋啦！你也太小看我了吧。」

魔數師Steven得意的把頭仰高45度，嘴裡重複著：「我們小孩、我們小孩……」

數學女孩Sharon氣的嘟嘴拿抱枕敲他：「吼！又耍我……你這個笨蛋！」

$$\sin(\alpha \pm \beta) = \sin\alpha\cos\beta \pm \cos\alpha\sin\beta$$

Steven的魔數秘訣大公開

同花色魔數完美分析

我們先思考紅心的原來位置在哪裡？

Ⓐ 第一張，請挑一張【花色頭頂是尖角(♠♦)】的牌，平放到手上。

Ⓑ 第二張，挑一張黑色的牌疊上去。

Ⓒ 第三張，如果剩下的牌二張顏色不同，請放紅色；如果剩下的牌二張同顏色，請放【花色頭頂不是尖角(♣♥)】的牌。

Ⓓ 最後一張放上去，然後把四張一起翻面拿在手上。

樹狀圖分析：

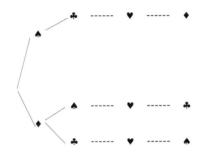

依據上述操作，在牌面朝下狀態，紅心為第三張。

接下來我們把1、3視為同一組；2、4視為同一組，為什麼他們同一組，可看後續步驟，他們的翻面現象受奇偶數控制，翻面的情形會和自己間隔一張的牌一致。

現在可寫為：

1

2

3

4

1.把第一張打開 ， （ ）代表翻面

（1）

2

3

4

我也要學神奇的騙數！

下頁繼續

2.任意切牌數次

2	3
3	4
4	(1)
(1)	2

4	(1)
(1)	2
2	3
3	4

切牌後會是以上這四種情形的其中一個，第一張與第三張視為同一組，第二張與第四張視為同一組，自己同組的永遠和自己隔一張。

3.將第一張翻面。

4.將第一張及第二張牌一起翻面(拿著前兩張牌一起翻面)。

5.將第一張、第二張、第三張牌一起翻面(拿著前三張牌一起翻面)。

這三個動作，代表……

第一張被翻3次(奇數次，與原來不同面)

第二張被翻2次(偶數次，與原來同面)

第三張被翻1次(奇數次，與原來不同面)

第四張被翻0次(與原來同面)

從奇偶數關係，我們發現，1與3會是一樣的狀態，2與4會是一樣的狀態，所以初始狀態，我們使第3張的紅心和第1張的牌不同面，最終的結果就會使紅心獨立！

這種在看似沒有規律的變化下，探究數學胚騰的美，是否讀者也欣喜妙不可言的發現呢！

怎麼會這樣！
太不可思議了！

哇～好浪漫‥

第 **18** 招

結局

成功了!? 太好了!!

什麼事成功了?Steven…

剛剛除爸傳訊息告訴我，他向乘乘求婚成功!!

除爸用了我教他的《善意的謊言》(註1)魔數，買下大樓的廣告電視牆，秀出25張出遊的幸福照片，最後出現了520，乘乘我愛妳!請妳嫁給我…

順便一提，阿減和小加的好日子也近了，原本對於求婚不抱有希望的阿減，靠著《拒絕的藝數》(註2)這個魔數為基礎加上特製的代幣道具，最後也贏得小加芳心…

哇～好浪漫…

太好了，衷心的祝福他們…

就是說啊…最近大家歷經了一連串事情，對的人終於都在一起了。

接下來就等著接大家的紅色炸彈了…Sharon?

啜泣…

Sharon妳怎麼了?身體不舒服嗎?

* 註1：善意的謊言請見P203　* 註2：拒絕的藝數請見P73

Steven…一想到你為了我不惜弄傷雙手打造這座玫瑰石花園，心情就變得好奇怪…

感覺很安心但又很愧疚…

之前Martin的父親對我說，他的兩個兒子都愛我，現在只剩下一個可以娶我，希望我成為他的媳婦…

後來伯父把戒指交給我…

…但是我真的有資格接受嗎？我很懷疑…

Sharon…我變一個魔術給妳看，好嗎？妳先隨意切牌，再把牌交給我…

Sharon，這是妳切好的牌，請任意抽選一張牌。

好…我來感應一下這牌是…

…嗯，我拿這一張。

…是方塊7！

…嗯？

這是怎麼辦到的？

這是我獨創的撲克函數，任意切牌都不會亂，即使一般的洗牌，只要不是均勻的對洗方式，觀眾想用抽取式洗牌法，我們仍然可以高機率成功表演。

首先，把撲克牌照著這個順序排好才能抽牌。

妳抽好牌後，我會把那張牌的前一疊牌，放到整副牌的最下方，並趁機偷看底牌。

但是…你偷看到那張牌，並不是我抽到的這張牌，只是它的前一張…

經過對應的魔數口訣，就能夠計算出妳抽到的牌了。
首先花色所代表的數字，依據《心電感數》(註3)提到的圖案形狀記憶法：一凸二頭三圓四角來計算。

♠ = 1　♥ = 2　♣ = 3　♦ = 4

底牌若是黑色：
❶點數 + 花色 = 觀眾點數
❷依據 3 同 6 色 9 前 K 後的方法判讀花色

1 ≦觀眾點數≦ 3；花色與底牌相同

4 ≦觀眾點數≦ 6；花色與底牌顏色相同但不是同一個花色

7 ≦觀眾點數≦ 9；花色與底牌花色的前一個花色相同

10 ≦觀眾點數≦ K；花色與底牌花色的後一個花色相同

底牌若是紅色：
❶點數 × 3 + 花色 = 觀眾點數
❷依據 3 同 6 色 9 前 K 後的方法判讀花色

1 ≦觀眾點數≦ 3；花色與底牌相同

4 ≦觀眾點數≦ 6；花色與底牌顏色相同但不是同一個花色

7 ≦觀眾點數≦ 9；花色與底牌花色的前一個花色相同

10 ≦觀眾點數≦ K；花色與底牌花色的後一個花色相同

例如剛剛我偷看到的底牌是♠6

❶6 + 1(♠) = 7 …點數
❷依據 3 同 6 色 9 前 K 後，(7)為前，(♠)的前，為♦
於是就知道妳抽到的牌是♦7

Sharon，我們來試玩一下吧！如果底牌是紅心9會是抽到什麼牌呢？

❶9 × 3 + 2(♥) = 29 ≡ 3 (mod 13)…點數
❷依據 3 同 6 色 9 前 K 後，(3)為同，(♥)的同，為♥，正解是♥3

厲害厲害！果然是數學女孩～如果是底牌梅花3呢？

我懂了… Steven你真的很賊！

❶3 + 3(♣) = 6…點數
❷依據 3 同 6 色 9 前 K 後，(6)為色，(♣)的色，為♠，答案是♠6

沒錯！

* 註3：心電感數請見P113

276

在頂樓，除爸環抱著乘乘，他把手機開成擴音，望向對面大樓的廣告電視牆，上面出現了25張除爸和乘乘出遊的照片，特別的地方是照片上有菜單、電影票、發票、車號、站牌號碼……等數字。

除爸說：「請妳用五個坐標，選擇其中五張照片。」照片上方的數字如下表：

75	98	66	87	109
89	112	80	101	123
93	116	84	105	127
117	140	108	129	151
86	109	77	98	120

乘乘拿了紅黑1~5各五張牌當作坐標，選擇了(1,1)、(2,3)、(5,4)、(3,5)、(4,2)，念完這些數字後，電視牆出現了她的選擇。

		66		
				123
	116			
			129	
86				

$sin(\alpha \pm \beta) = sin\alpha\,cos\beta \pm cos\alpha\,sin\beta$

隨後那五個數字排列在一起86 + 116 + 66 + 129 + 123 = 520，電視牆出現：「乘乘，我愛妳！請妳嫁給我！」看得乘乘開心感動，卻也因為想起自己以前的遭遇而熱淚盈眶。

除爸抱住她輕聲的說：「我有孩子，妳可以接受嗎？為了全部的愛給孩子，我不要妳再生小孩，我會太自私嗎？」這句話剛好卸除乘乘對於不孕症的顧忌，乘乘一面訝異除爸竟然有小孩的事，一面歡喜的抱住除爸，答應他的求婚。

101浪漫求婚

小加現在是台灣第一美女主播，號稱萬人迷，從9個月到99歲，沒有人不喜歡她甜美又正義的專業形象。阿減對於求婚完全沒有把握，在101大樓頂樓高級餐廳用餐的他們，望向台北市的美景，奔放舞動的燈火盡收眼裡，卻只聽見浪漫的銷魂紅酒，在杯中翻翻曼妙的聲音，映襯著安靜卻緊張的阿減。

阿減拿出一枚硬幣，這次的賭局不是數學，是幸運女神對於眼前女神的選擇。硬幣在空中翻滾無數圈，落到阿減的左手背，右手迅速覆蓋其上，沒有人知道那個硬幣到底是人頭還是字。

小加：「你在幹嘛？想和我賭丟十次那個魔數嗎？Steven教過了，我知道喔！」

阿減說：「妳現在是大家的夢中情人，追求者眾多。我很害怕失去妳，但不敢給妳任何壓力，即使妳之後有更好的選擇，我也要當那個妳會記得一輩子的美好回憶。我剛剛向幸運女神說，如果丟十次，都是人頭，可不可以勇敢的向妳求婚，讓妳成為這世界第二

這不是超能力
但能操控人心

幸運的人？」

小加：「為什麼是第二？」

阿減：「因為娶了妳，我就成為世界上第一幸運的人了。」

小加害羞的低下頭：「貧嘴，學壞了你！」

阿減：「我該打開嗎？」

小加心裡想，就算是字，自己也會告訴阿減，本姑娘就是幸運女神，我說人頭就是人頭，然後把字翻過來。於是說：「打開啊！man一點好嗎！」

阿減露出他手臂強壯的肌肉，很man的打開，果然是人頭，連續十次人頭的機率是$\frac{1}{1024}$，這種近乎不可能的奇蹟，就在連續九次人頭的情形下，他們倆盯著最後一次拋出的硬幣⋯⋯

小加不可思議的看著硬幣和阿減，覺得這是老天爺的安排嗎？這件事可以完美的發生、成為美麗的求婚傳說吧？此情此景，鄰桌的人也跟著緊張了起來！

最後打開的那一剎那，兩人都感動的握著硬幣，在餐廳肆無忌憚的擁吻在一起。大家都認出小加是第一美女主播，無不拍手鼓掌叫好，分享這動人的喜悅。

牽了妳的手這輩子就不會再放開

花蓮的玫瑰石前，數學女孩Sharon想起那魔數師Steven無法復

原如初的雙手；想起Martin母親告別式那天，Martin的父親把戒指交給她，告訴她說：「我的兩個兒子都愛妳，現在只剩下一個可以娶妳，衷心希望妳可以成為我的媳婦。」想著、想著，眼前的淚珠瞬間掠奪清秀的臉頰，隨風飄落在夜燈的光影下。魔數師Steven故意背對她，給她一點空間和時間沉澱。時而輕鬆的假裝吃Martin的醋，時而為她準備Martin的回憶，陪她到兩人到過的地方、陪她到兩人吃過的美食商店、陪她解兩人曾解過的數學題……

　　魔數師Steven企圖轉移數學女孩Sharon悲傷的情緒：「親愛的！我變一個魔術送給妳，妳先幫我洗牌。」

　　數學女孩Sharon簡單的洗完牌後，任意抽選一張。魔數師Steven沒有像以往一樣的使用花式洗牌炫技，只以樸實的方式把牌放在玫瑰石上，並以深情的眼睛看著數學女孩Sharon說：「方塊7！」

　　數學女孩Sharon驚訝的看著魔數師Steven，順手把牌攤開在石台上，希望看出端倪……

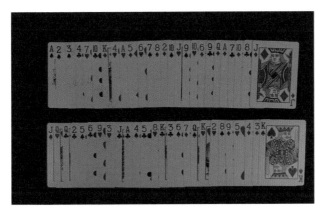

　　看了許久後，卻找不出任何規律！魔數師Steven說：「用心的人才能看見，我在31歲牽妳的手，我這輩子就不會再放開了。」

結局變法大解密

求婚魔數總整理

1. 除爸使用的方法是第13招《善意的謊言》（詳見P203）。由於魔數師Steven未教授其他人這個魔數，是和Martin母親的互動，所以除爸求婚需要，魔數師Steven就把這個魔數教給除爸，讓除爸完成浪漫求婚。

2. 阿減在第5招《拒絕的藝數》（詳見P73）中，使用硬幣賭局的數學，奧妙扭轉形象。在故事結局也用硬幣來作完美的呼應；但是這次真正的秘密是在硬幣上。用的是魔數師Steven加工過的硬幣，這種硬幣必須用金屬切割器切開硬幣，使硬幣成為像帽子一樣的殼，套在另一個磨的較小的硬幣上。這樣一來，硬幣的正面反面都會是人頭。這個道具因涉及毀損國幣，所以多半少量低調的使用，並不會大量生產。曾有日本魔術道具商因大量加工製造而遭搜查，被誤會是偽幣加工，因此這個道具的使用必須慎重。在操作的時候，可以利用手法交換硬幣，觀眾即使檢查，加工的硬幣早已被換成普通硬幣了，這就是阿減受幸運女神眷顧的方法。由於這種硬幣的價格遠大於硬幣本身面額，所以如果不小心花掉或是投入販賣機，都會心疼不已！特別是報紙曾經報導，有人拿到這種硬幣，以為是假幣或鑄幣廠出錯，更是讓人哭笑不得！

3. 魔數師Steven的獨門撲克讀心術

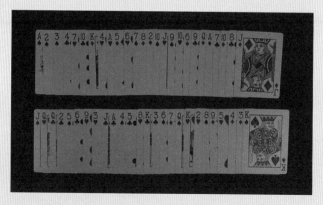

這是作者獨創的撲克函數，任意切牌都不會亂，即使是一般的洗牌，只要不是均勻的對洗方式，觀眾想用抽取式洗牌（印度洗牌）法，仍然可以高機率成功表演。

$sin(\alpha \pm \beta) = sin\alpha \cdot cos\beta \pm cos\alpha \cdot sin\beta$

結局——彼此願意為對方費心費力面對難題　就能成為相知相惜相守的人生伴侶

花色所代表的數字（依據第8招《心電感數》提到的圖案形狀記憶法：一凸二頭三圓四角。）

♠＝1

♥＝2

♣＝3

♦＝4

底牌若是黑色

點數＋花色＝觀眾點數。

依據3同6色9前K後的方法判讀花色。

1≤觀眾點數≤3；花色與底牌相同。

4≤觀眾點數≤6；花色與底牌顏色相同但不是同一個花色。

7≤觀眾點數≤9；花色與底牌花色的前一個花色相同。

10≤觀眾點數≤K；花色與底牌花色的後一個花色相同。

底牌若是紅色

點數×3＋花色＝觀眾點數。

依據3同6色9前K後的方法判讀花色。

1≤觀眾點數≤3；花色與底牌相同。

4≤觀眾點數≤6；花色與底牌顏色相同但不是同一個花色。

7≤觀眾點數≤9；花色與底牌花色的前一個花色相同。

10≤觀眾點數≤K；花色與底牌花色的後一個花色相同。

範例：

底牌♠6：

❶ 6＋1(♠)＝7……點數

❷ 依據3同6色9前K後，（7）為前，（♠）的前，為♦，得解為♦7

底牌♥9：

❶ $9×3+2(♥)＝29≡3 \pmod{13}$……點數

❷ 依據3同6色9前K後，（3）為同，（♥）的同，為♥，得解為♥3

底牌♣3：

❶ 3＋3(♣)＝6……點數

❷ 依據3同6色9前K後，（6）為色，（♣）的色，為♠，得解為 ♠6

底牌♦2：

❶ 2×3＋4(♦)＝10……點數

❷ 依據3同6色9前K後，（10）為後，（♦）的後，為♠，得解為 ♠10

有情人終成眷屬

乘乘質問除爸，為什麼沒向她說有小孩了！其實除爸所說的小孩是宏傑，為了給那孩子完整的家及照顧，除爸收養了他。聽到這個消息，乘乘明白除爸一定是知道自己不孕的事，這樣體貼的舉動與愛心，讓乘乘覺得除爸是值得托付一生的伴侶。

阿減在離開餐廳的路上，牽著小加的手，把硬幣放在小加的手上說：「我們倆之間沒有秘密。不管多麼困難，哪怕幸運女神不眷顧我，我都會用盡一切力量，把我最大的幸運留給妳。」

數學女孩Sharon趁著魔數師Steven收牌的同時，從背後抱住他，在魔數師Steven的耳邊說到：「嫁給我吧！」

魔數師Steven嘟嘴說：「妳都沒有浪漫的向我求婚啊！」

數學女孩Sharon笑著拿起5張撲克牌，撕開成兩半……

WILL

YOU

MARRY

ME(I DO)！

每一個字，念一個字母就拿下一張牌（第4招《巧緣相印》（詳見P59）的魔數）。

最後果然5張牌成雙成對！數學女孩Sharon說：「數學男孩，這是我第一個向你學的數學魔數，我的文字厲害吧！可以嫁給我了嗎？」

他們的對話只有他們兩個人能懂……

之前數學女孩Sharon心情不佳時，給魔數師Steven的謎題，就是當年數學系活動中Martin和數學女孩Sharon一起設定的題目。她當時發出的求救信，就是把Martin的思念移情在魔數師Steven身上，卻又陷入自己背叛Martin而愛上魔數師Steven的矛盾中。魔數師Steven知道她的感受，一直告訴她願意成為備胎的角色，去愛她、寵她。她已經確實感受到魔數師Steven的用心，但是她曾經答應Martin今生只嫁給他，如今，善良又純真的女孩沒有違背諾言，因為，她抱住了魔數師Steven求婚……

數學女孩娶了數學男孩。

數學男孩不在乎世俗，只在乎數學女孩。

數學男孩嫁給了數學女孩！

這不是超能力
但能操控人心

Steven的魔數秘訣大公開

撲克牌函數大探究

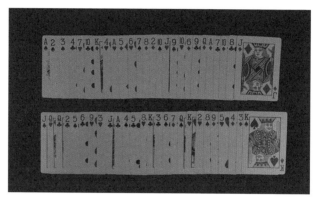

這個數學結構是以函數的型態表現，變數包含了數字與花色。精彩的地方在於，規律的函數公式可以連結不斷。

公式的內容如「結局變法大解密／求婚魔數總整理」（詳見P282）所示，在這裡提供另一個函數型態，就是不論顏色都用同一個函數。

點數×2＋花色＝觀眾點數。

依據3同6色9前K後的方法判讀花色。

這樣排列出來的也會循環，但是編碼規律比較容易受到破解。這裡就不影響各位的探究興致，留給各位排出這樣的牌序。並思考一下有別的型態可以使牌面像亂數一樣，卻有著編碼規律嗎？

這個懸念就留給各位去發掘，未來魔數師Steven前傳「騙數」數學小說，將分享給您另外一個數學面貌！再會！

後記

因為有你，才有價值與意義

作者 莊惟棟

一盞燈下的電腦，孤單地以為只有自己被照亮
我也以為，自己是孤單的與電腦作伴

忽然line來一句短訊⋯
是把我推進這個夢想世界的林大編輯開富兄
手機上的字句簡短，扼要簡潔
果然是文人的特色與專業
幾個字就把事情表達清楚
「多休息，後天才截稿」
把關心、要求、提醒，全表達清楚了
我總是告訴他：「哥，很有溫度，也很有壓力！哈哈！」

如果沒有這位亦師亦友的大哥⋯
這本前無古人的獨特數學小說不會從台灣出生
所以，這本書的最大功臣，最最感謝的是編輯大人

感謝放在心中，說出會尷尬的叫做家人
陪我忍受孤單也害他們孤單的家人們，是我感謝也對不起的人。沒有家人的支持不能成
就任何事情，沒有家人的認同，一切榮耀也沒有意義！我想把這本獻給我最愛的家人，
因為有你們，才有我的存在的價值與意義

最後致上十二萬分的謝意，敬謝書序的數學及教育研究的教授們，及持續分享並公開推
薦的老師們。各位一點一滴的恩惠與指導，我也樂意回到那一盞燈下，和您一起有伴的
往前走去！

作者特別感謝

魔術表演理論指導 —— 知名魔術大師好友 劉謙

數學理論及文字校對 ——
彰化師範大學中等教育階段數學領域教學研究中心 特別助理 黃孟凡

謝謝庶務活動協助的好友、學生，以及每一位支持的讀者

MWM數學教師群

蔡惠娟、郭姿伶、梁桂禎、錢智勇、洪湧昇、閔柏盛、吳冠霖、邱秀芬、簡民峰、王姈
妃、游宥杉、謝熹鈴、張郁玲、陳怡君、林怡瑄、黃孟凡、謝怡臻

台中市光德國中 —— 張文銘主任

美女魔術師 —— 魔法千金Yumi

這不是超能力但能操控人心的
魔數術學

作者莊惟棟 數學理論及文字校對黃孟凡 漫畫繪製王小智 美術設計暨封面設計瑞比特設計 行銷影片拍攝剪輯王仁哲 行銷企劃經理呂妙君 行銷專員許立心

總編輯林開富 社長李淑霞 PCH生活旅遊事業總經理李淑霞 發行人何飛鵬 出版公司墨刻出版股份有限公司 地址台北市民生東路2段141號9樓 電話 886-2-25007008 傳真886-2-25007796 EMAIL mook_service@cph.com.tw 網址 www.mook.com.tw 發行公司英屬蓋曼群島商家庭傳媒股份有限公司城邦分公司 城邦讀書花園 www.cite.com.tw 劃撥19863813 戶名書蟲股份有限公司 香港發行所城邦（香港）出版集團有限公司 地址香港灣仔洛克道193號東超商業中心1樓 電話852-2508-6231 傳真852-2578-9337 經銷商聯合股份有限公司（電話：886-2-29178022）金世盟實業股份有限公司 製版印刷 漾格科技股份有限公司 城邦書號KG4008 ISBN 471-770-290-409-8 定價450元 出版日期2018年08月初版 2019年06月二版一刷 2020年04月二版三刷 2020年07月二版四刷 2020年09月二版五刷 2021年10月二版六刷 2023年11月二版七刷 版權所有・翻印必究

國家圖書館出版品預行編目(CIP)資料

這不是超能力但能操控人心的魔數術學
莊惟棟作. - 初版. -- 臺北市：墨刻出版：
家庭傳媒城邦分公司發行, 2018.08
　　面；　公分
ISBN 978-986-289-409-5(平裝)

1.數學 2.漫畫

310　　　　　　　　　　107011060

bye~